JN033381

科学者をまどわす魔法の数字，

インパクト・ファクターの正体

誤用の悪影響と賢い使い方を考える

Kazue Aso
麻生一枝

日本評論社

　科学者たちが今現在置かれている状況を理解してもらうために、2つのた
とえ話の引用から始めよう。出典はインパクト・ファクターの誤用を憂える
科学者たちの意見論文である (訳は筆者)。

　　　今日科学者たちが評価されているのと同じ方法で、ソングライ
　　ターが評価される場面を想像してみると面白い。楽曲評価委員会に
　　雇われたお役人が、作られた楽曲をリストアップし、各楽曲がリ
　　リース後2週間以内にどのラジオ局で流されたかにもとづいて、楽
　　曲にランクをつける。ほどなく、ソングライターたちは気づく。ま
　　ともな音楽を作るより、ゴミみたいなクリスマスソングを作って、
　　トップラジオ局の DJ に取り入る方が、よっぽど出世の近道だ。
　(Lawrence：イギリス、ケンブリッジ大学の発生生物学者、2007)

　常識があれば、楽曲の良し悪しが、どのラジオ局で放送されたかで判断
できるなんて、誰も思わない。しかし、それが科学の世界でおこなわれてい
ることだ、とローレンスは言う。ここで、ソングライターとは科学者のこと
で、楽曲とは論文、ラジオ局とは学術雑誌のことだ。まともな論文を書くよ
り、つまらなくても人気分野の論文をとにかく書いて、科学界トップの雑誌
に載せてもらう方が、よっぽど出世の近道だ。そう思っている科学者が増え
ている、と言うのである。
　次の意見論文は、睡眠中に見た夢という枠組みでたとえ話を語っている。

　　驚いたことに、メジャー・リーグに入ろうと躍起になっているマイナー・リーグのピッチャーたちを評価する、という任務を負うことになった。志願者と面接し、情報を集め、実際の投球を観察する。しかし、なにせ当方は物理学者なので、投球能力の評価については何も知らないに等しい。そこで面倒を省くため、この能力の指標として速球の速度だけを見ることにした。ついでに、志願者ひとりひとりの速球の速度データを見る面倒もはぶいて、志願者が所属しているマイナー・リーグの球団ごとに、球団のピッチャー全員の速球速度の平均を出し、この数値をそのままその球団に属するピッチャーの投球能力とみなして志願者にランクをつけた。そして、このランクにもとづいて、ピッチャーを選出した。シーズンが進み、採用されたピッチャーたちは打たれ続ける。GM (ジェネラル・マネージャー) が額にしわを寄せて、近づいてくる。そこで、目覚まし時計が鳴った。(Caves：アメリカ、ニューメキシコ大学の物理学者 Caves、2014)

　ここでも、基本的にピッチャーの投球能力をどの球団に所属しているかで測っている。それだけなら、楽曲の良し悪しをどのラジオ局で放送されたかで測っていた第一話と変わらない。違いは、第一話がどうやってトップラジオ局を見分けるかには触れていないのに対し、こちらは良い投手のいる球団を見分けるための指標を具体的に示していることだ。その指標とは「各球団のピッチャー全員の平均速球速度」である。この数値が高ければ高いほど、優秀なピッチャーが揃っている球団であり、そのような球団に属しているピッチャーが優秀なピッチャーとみなされる。もちろん、とんでもない話である。しかしこれが科学界の現実だ、とケイヴスは言っている。

　球団と投手を格付けするこの指標、「各球団のピッチャー全員の平均速球速度」を、科学界の言葉に翻訳すると「各学術雑誌に載った論文全体の平均被引用回数」となる。これが本書のテーマ、インパクト・ファクターである。

　インパクト・ファクターは、もともとは大学の図書館が、図書を購入する

ときの参考にするために考え出されたものだ。限られた予算内で、数多い学術雑誌をすべて買い揃えることはできない。そこで、利用者の多い雑誌を優先的に購入しようとして、どの雑誌が研究者によく利用されているかを知るために、この指標が考案された。それは単に、ある雑誌に掲載された論文全体をながめた時、平均すると1論文あたり何回他の論文に引用されたか、という数値にすぎない。雑誌に載った論文全体の平均値によって、個々の論文の質が判断できないことは明らかだ。インパクト・ファクターの考案者の1人であるユージーン・ガーフィールドは、2005年にアメリカのシカゴで開催された学会で、次のように述べている (訳は筆者)。

> 1955年の時点では、「インパクト」という言葉が、いつの日かこれほどまでに議論をよぶものになるとは、思いもしなかった。核エネルギーと同様、インパクト・ファクターは功罪相半ばするものである。それを誰が手にするかで乱用される可能性もあることを認識はしていたが、建設的に使われることを期待していた。(Garfield, 2005)

しかし、もともとの目的が何だったにせよ、とにかく業績を簡単に数値に変換できること、数値に変換すると何やら客観的なものに見えてくることが、科学者を雇う側、つまり研究費を出す側のお気に召したのだろう。ここ30年余りのうちに、いつのまにか次のような図式ができあがってしまった。

(1) インパクト・ファクターの高い雑誌 = より優れた研究結果を掲載する雑誌 = トップジャーナル.

(2) インパクト・ファクターの高い雑誌に載った論文 = 優れた論文.

(3) インパクト・ファクターの高い雑誌に論文を載せた科学者 = 優れた科学者.

今や、インパクト・ファクターは、学術雑誌の格付け、個々の論文の格付け、個々の研究者の格付けにとどまらず、個々の研究所や国を評価するための指標としてさえ使われている。その結果、できるだけインパクト・ファクターの高い雑誌に、できるだけ多くの論文を発表することが科学者の目的と

なった (これを「高インパクト・ファクター症候群」(Caves, 2014) という)。科学者を雇う側、つまり、「他の誰かの作った基準が、我々(科学者) の目的となったのである」(Lawrence, 2003)。

　このような変化は、科学者同士の会話や、科学者の発言にも見て取れる。現在、インパクト・ファクターが他の雑誌に比べてずば抜けて高く、御三家などともよばれているのが、*Nature, Science, Cell* という 3 つの雑誌なのだが (杉, 2014)、筆者自身、科学者同士がつぎのような会話を交わしているのをそこら中で耳にしてきた。

> 「○○は大学院生なのに、もう *Cell* に論文を出したそうだ。将来
> は有望だね」
> 「この研究は *Nature* に載ったので良い研究です」
> 「彼は、*Science* に論文を 4 本も出している優れた研究者です」
> 「○○先生はこの 2 年間に 10 本の論文を発表し、そのうちの 2
> 本は *Nature* に載ったものです」

　科学者自身が、論文や研究の中身ではなく、それが発表された雑誌で、論文や論文の著者を評価するようになってしまったのだ。

　とはいえ、もしこれが単に科学者村の出来事にすぎなかったら、第三者は、「そりゃ看板で中身を判断するのはまずいよね。そんなことは誰だって百も承知だ。でも、科学者といえども人間だから。我が事になると、きれい事ばかり言ってられない、ってわけだ」と冷ややかに眺めていることもできる。しかし、この出来事のとばっちりが我が身にも及んでいるとしたらどうだろう。わかりやすい例を 1 つだけ挙げてみよう。

　周知のように、ここ数年、研究不正の問題がメディアでさかんに取り上げられてきた。この不正の根底に「高インパクト・ファクター症候群」があることは、先に述べたことから容易に見当がつくだろう。1 つ目のたとえ話で言われたように、科学者として高い評価を得たかったら、とにかく論文を書いて、インパクト・ファクターの高い *Science, Nature, Cell* のどれかに載せてもらうのが一番の近道なのだ。そのために我知らず不正に手を染める危

険を冒しても。

　異常なまでにメディアが過熱した、あの STAP 細胞の論文が発表された
のは *Nature* だった。この騒動とほぼ同時期に、東京大学分子細胞生物学研
究所の加藤茂明研究室 (元) でも論文不正が明らかになったが、これを扱っ
た NHK のクローズアップ現代「論文不正は止められるのか ─ 始まった防
止への取り組み」(2015 年 3 月 10 日放送) で、画面の一番手前に映し出され
ていた雑誌は、*Nature* と *Cell* だった。さらに、2017 年 12 月 10 日に放送
された NHK スペシャル「追跡東大研究不正 ─ ゆらぐ科学立国ニッポン」
でも、この御三家が何度も何度も映し出された。不正をおこなったのは、同
じ東京大学分子細胞生物学研究所 *1 の渡邊嘉典研究室 (元) で、改竄 など
の論文不正の数が最も多いと指摘された論文は *Science* に掲載されたもの
だった。

　こうして、学術雑誌とは直接縁のない一般の人々の頭にも、これらの名前
が皮肉なことに「トップレベルの雑誌」として刷り込まれる。そして、不正
をおこなった科学者は、たまたまこれらの雑誌の名を汚した劣悪な科学者で
あって、普段この雑誌に載るのは優秀な科学者の優秀な論文だ、と科学者た
ちと同じ価値観に取り込まれてしまう。

　しかし問題はそれだけではない。研究費の問題がある。研究費を直接出す
側、つまり文科省がインパクト・ファクターで科学者やその業績を判断し、
その科学者が不正をおこなって、高額な研究費を無駄にする。その研究費と
不正のために税金を払っているのは、ほとんどが科学研究には無縁な人々、
科学者村の部外者である。

　でも、と反論が返ってくるかもしれない。数値を判断材料の 1 つにするこ
と自体は科学者村の外でもよくおこなわれているし、別に間違っているわけ
ではない。御三家雑誌に載った論文は、本当に優れているからこそ引用回数
が多いのではないか。インパクト・ファクターは、雑誌や論文の質をある程
度は反映しているのではないだろうか。だったら、科学者の出世欲は別とし

---

*1 加藤研究室に続く渡邊研究室の論文不正を受け、2018 年 4 月 1 日、「分子生物学研
究所」は「定量生命科学研究所」と改組した (東大新聞オンライン 2018 年 4 月 11 日)。

ても、本当にレベルの高い雑誌、本当に優秀な論文、本当に優秀な研究者を知るために、インパクト・ファクターを目安として使うのは別にかまわないのではないだろうか。

　ところがそれは違うのである。インパクト・ファクターは個々の論文や科学者の質を何も反映していない。従ってそれらを評価するために使うのは完全に的外れだ。それどころか、これを誤って使ったためにさまざまな弊害が生まれている。その弊害は科学の世界を超えて、一般社会へも及んでいる。

　本書は、なぜ個々の研究者の業績を評価する指標としてインパクト・ファクターを使ってはいけないかを、「看板で中身を…」のたぐいの一般論ではなく、筆者が集めたさまざまなデータを使って、いくつかの観点から具体的に示していく（第 2 章）。さらに、やはりデータによって、インパクト・ファクターの誤用による悪影響を論じ（第 3 章）、これに対する取り組みにも言及する（第 4 章）。そのための出発点として、第 1 章ではまず、インパクト・ファクターの正確な定義を知り、それが何を表し、何を表していないかを見ていくことにしよう。

■ 参考文献

Caves CM. (2014), High-impact-factor syndrome. APS News November 2014 (Volume 23, Number 10), The Back Page.
https://www.aps.org/publications/apsnews/201411/backpage.cfm（閲覧 2016 年 2 月 25 日）.

Garfield E. (2005), The agony and the ecstasy — The history and meaning of the journal impact factor. Presented at International Congress on Peer Review and Biomedical Publication, Chicago, September 16, 2005.

Lawrence PA. (2003), The politics of publication. *Nature* 442:259–261.

Lawrence PA. (2007), The mismeasurement of science. *Current Biology* 17 (15): PR583–R585.

杉晴夫 (2014)、『論文捏造はなぜ起きたのか？』、光文社新書 714、光文社。

東大新聞オンライン 2018 年 4 月 11 日、「分生研を改組、論文不正続発を受け」（http://www.todaishimbun.org/、2018 年 7 月 30 日閲覧）。

目次

プロローグ　間違った指標で評価される科学者たち ‥‥‥‥‥‥‥ i

第1章　インパクト・ファクターとは何か ‥‥‥‥‥‥‥‥‥‥‥ 1

　1-1　インパクト・ファクターの定義 ‥‥‥‥‥‥‥‥‥‥‥‥‥ 1

　1-2　インパクト・ファクターの起源 ‥‥‥‥‥‥‥‥‥‥‥‥‥ 3

　1-3　とまらないインパクト・ファクターの誤用 ‥‥‥‥‥‥‥‥ 8

第2章　インパクト・ファクターの誤用とその問題点 ‥‥‥‥‥‥ 13

　2-1　雑誌のインパクト・ファクターからではわからない、個々の論文の
　　　　被引用回数 ‥‥‥‥‥‥‥‥‥‥‥‥‥‥‥‥‥‥‥‥‥ 15

　2-2　分野によって大きく異なるインパクト・ファクター ‥‥‥‥ 22

　2-3　分野の大きさとインパクト・ファクター：超高 IF 雑誌は、小さい
　　　　分野では生まれ得ない ‥‥‥‥‥‥‥‥‥‥‥‥‥‥‥‥ 26

　2-4　分野の違いと 2 年インパクト・ファクター ‥‥‥‥‥‥‥‥ 31

　2-5　分野による共著者数の違いとインパクト・ファクター ‥‥‥ 37

　2-6　不透明なインパクト・ファクター算出法 ‥‥‥‥‥‥‥‥‥ 40

　2-7　引用行動から見た論文の被引用回数と論文の質との関係 ‥‥ 52

第3章　インパクト・ファクターの誤用のもたらすもの ‥‥‥‥‥ 78

　3-1　個々の研究者による論文の被引用回数の操作 ‥‥‥‥‥‥‥ 80

　3-2　出版社や編集委員によるインパクト・ファクターの操作 ‥‥ 82

　3-3　撤回論文の増加 ‥‥‥‥‥‥‥‥‥‥‥‥‥‥‥‥‥‥‥ 98

　3-4　グレイ・ゾーンの研究行為 ‥‥‥‥‥‥‥‥‥‥‥‥‥‥ 106

　3-5　下降効果：華々しい結果が時とともに消えていく ‥‥‥‥ 117

　3-6　白、それともグレイ ‥‥‥‥‥‥‥‥‥‥‥‥‥‥‥‥‥ 122

　3-7　科学研究の再現性の危機 ‥‥‥‥‥‥‥‥‥‥‥‥‥‥‥ 127

　3-8　インパクト・ファクターの落とし子：世界大学ランキング ‥ 131

第 4 章　インパクト・ファクター偏重主義根絶への動き ········ 146

　4-1　インパクト・ファクターの不適切な使用に関する EASE 声明········147

　4-2　研究評価に関するサンフランシスコ宣言·····························148

エピローグ　·· 154

　索引　157

第1章
インパクト・ファクターとは何か

1-1
インパクト・ファクターの定義

　プロローグで、雑誌のインパクト・ファクターとは、その雑誌の論文1本あたりの平均被引用回数であると言ったが、もっとも頻繁に使われているインパクト・ファクターは、2年インパクト・ファクター (2-year impact factor) とよばれるものだ。単にインパクト・ファクターといった場合には、ふつうこの2年インパクト・ファクターを指している。

　ある学術雑誌のある年 X の2年インパクト・ファクターは、その直前の2年間 ($X-2$ 年と $X-1$ 年) にその雑誌に掲載された論文が、その年 X に他の論文に平均何回引用されたかという値である。具体的には次のように計算される (Garfield, 1996; 山崎, 2004)。

　ある雑誌の2019年のインパクト・ファクター

$$= \frac{\text{(2017 年と 2018 年にその雑誌に掲載された論文が、2019 年に様々な雑誌に引用された回数)}}{\text{(2017 年と 2018 年にその雑誌に掲載された論文の総数)}}$$

　例えば、2017年と2018年に雑誌Aに掲載された論文の総数が100で、それらの論文が2019年の論文に合計400回参考文献として引用されたなら、雑誌Aの2019年のインパクト・ファクターは、400を100で割った4

になる。

　さて、ここで、分母の「2017 年と 2018 年の 2 年間に雑誌 A に掲載された論文の総数」はきっちりと数えられるだろうけど、分子の「それらの論文が 2019 年の論文に引用された回数」は正確に数えられるのだろうか。雑誌 A に掲載された論文が引用されているかどうか、2019 年に世界中で出版されたすべての学術雑誌をチェックするなんて不可能ではないか、と疑問に思った読者もいるのではないだろうか。実に的を射た指摘である。

　実際、インパクト・ファクターの値を含む文献引用統計集である JCR (Journal Citation Reports) は、つい最近まではアメリカのトムソン・ロイター社、現在はクラリベイト・アナリティクス社 (本社：米国フィラデルフィア) という情報サービス企業の販売している製品である。当然のことながら、分子の被引用回数は、これらの会社がデータベースに含めた雑誌に引用された回数であり、世界中のすべての学術雑誌に引用された回数ではない。同様に、インパクト・ファクターの値も、世界で出版されているすべての学術雑誌に対して算出されるわけではない。データベースに含めた雑誌に対してのみ、算出される。JCR は、もともとは、アメリカの会社がアメリカの研究者や図書館のために作ったもので、その結果、データベースに含まれる雑誌は、アメリカの雑誌や英文雑誌に偏っているという指摘もある (Archambault & Larivière, 2009)。

　とはいえ、現在では、かなり広い範囲をこのデータベースはカバーしているといってよさそうである。2016 年のインパクト・ファクターの算出には、81 か国で出版された計 11,459 の学術雑誌が使われている (Clarivate Analytics, 2017)。これがどの程度の数なのか、その感触を得るために、公表されている一覧表に目を通してみた。私の専門分野 (サンゴ礁魚類の繁殖生態) と関連した分野 (動物行動学、生態学、海洋生物学、魚類学など) で、私が知っている学術誌を 1 つひとつチェックしてみたのだが、日本で発行されたものを含め、ほぼ全部が載っていた。しかし、やはり、日本語で書かれた「魚類学雑誌」(日本魚類学会発行) は載っていなかった。同学会の英文誌は載っていた。

　世界全体でいったいいくつの学術雑誌が出版されているかがわからないので (おそらく、誰も調べていない)、「全世界で出版されている学術雑誌〇〇誌のうちの〇〇%がこのデータベースに載っています」といった発言はできない。しかし、英語で書かれた雑誌に関する限り、かなりの範囲の雑誌が網羅されているようではある。

1-2

インパクト・ファクターの起源

　インパクト・ファクターというと、今やその誤用による弊害が強調されることのほうが多いのだが、その定義である平均被引用回数という概念は、「論文がよく引用されている学術雑誌はどれかを知る」、つまり「よく使われている雑誌はどれかを知る」という本来の目的にはそれなりに適ったものだ。正直、インパクト・ファクターという、いかにも誤解を招きそうな名前をつけることをせず、単に「平均被引用回数」とよんでいたなら、今日見られるまでの誤用も起こらなかっただろうし、誤用に警鐘を鳴らす多くの論文も、そしてこの本も書かれることはなかったのではないだろうか。

　先に紹介したインパクト・ファクターの発案者の一人であるユージーン・ガーフィールドは、残念ながら 2017 年 2 月に 91 歳で亡くなられたが、彼が最初にインパクト・ファクターについて述べたのは、今から 60 年以上も前の 1955 年のことだ。そのころ彼は、発表された論文がその後どの論文に引用されていくかを追跡する索引を作ることを考えていた。最終的にできあがったのが Science Citation Index という索引で、彼が設立した Institute for Scientific Information 社 (ISI、その後トムソン ISI) から、1963 年に刊行された。そして、この引用索引を作る過程で副産物的に生まれたのが、インパクト・ファクターである (Garfield, 1999)。

　1955 年の論文にまでさかのぼって読んでみると、ガーフィールドの先見の明には感服する。学ぶところも多いと思うので、本題から多少ずれる部分もあるが、Science Citation Index とはどんなものか、その開発の過程で、

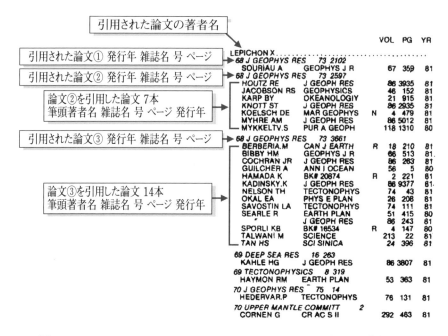

図 **1.1**　Science Citation Index (SCI) のページのサンプル。英字部分は、
Garfield (1983a), Figure 1 を転載。

どのようにしてインパクト・ファクターが生まれたのかを、少し詳しくお話
したいと思う。

　Science Citation Index (SCI) という索引は、当初、年 4 回出版されて
いたのだが、図 1.1 に示したようなものだ。著者名順 (著者が複数の場合は
筆頭著者名を使う) に論文を並べ、論文それぞれについて、SCI の各号が
カバーする期間内にその論文を引用した論文が、時系列で記載されている
(Garfield, 1970, 1972, 1983a, 1997)。論文が発表されたのち、SCI を順に
調べていけば、その後、その論文を引用した論文が順次見つけられるわけ
だ。そして、これら後続の論文を読めば、ある論文に示された結果やアイデ
アが、その後どのような形で利用され発展していったかを知ることができる
(Garfield, 1955, 1964, 1970)。つまり、ある結果やアイデアが、その後の研
究にどのようにつながっていったのか、という科学の発展の歴史をたどるこ

とができるのだ。私なんぞは、Wow！と思ってしまうのだが、皆さんはどう
だろう。

　いくつもの検索エンジンが当たり前のようにあり、検索ワードを入れれば
瞬時に得たい情報が手に入る現在では、そのありがたみを実感するのは難し
い。しかし、コンピュータもタブレットもスマホもなしで、ある事柄につい
ての情報を集める、という状況を想像してみてほしい。例えば、数年前から
話題になっている環境 DNA 研究。湖や川や海から数リットルの水をくみ、
その中に含まれる DNA を分析することで、そこに住んでいる生物種を知る
ことができるという革新的な技術なのだが、この研究に興味があって、それ
に関する論文を集めたいと思ったら、どうすればいいだろう。どこから始め
ればいいだろう。

　まず、どこで環境 DNA の話を聞いたのかを考えてみる。大学の授業で聞
いたのなら、その講義を担当した先生にいくつか論文を紹介してもらえば、
それがスタート地点となる。NHK のサイエンス ZERO あたりだったら、ど
うだろう。NHK に手紙を書くなりして (コンピュータもタブレットもスマ
ホないなら、当然メールもない)、番組に出演していた大学の先生たちの氏
名と連絡先を聞く。そして、その先生たちに環境 DNA について先生たちが
書いた論文のコピー (別刷りという) を送ってくださるようお願いする。受
け取った論文がスタート地点となる。

　ここで、科学論文を見たことのない読者のために、その標準的なフォー
マットを紹介しておこう (図 1.2 (次ページ))。論文のタイトル、著者名、著
者の所属先につづいて、まず論文の内容を短くまとめた要旨がくる。その
後につづくのが、IMRAD とよばれる形式にしたがって書かれた論文の主
要部分である。Introduction (序論)、Materials & Methods (材料と方法)、
Results (結果)、and Discussion (考察) で、それぞれに、なぜその研究をし
たのか、どのように行ったのか、どんな結果が得られたのか、そして、その
結果は何を意味するのか、が書かれている。これら構成部分の頭文字をとっ
て IMRAD (A は and の A) というわけだ。そして、この主要部分の後ろに
載っているのが、引用文献のリストである。

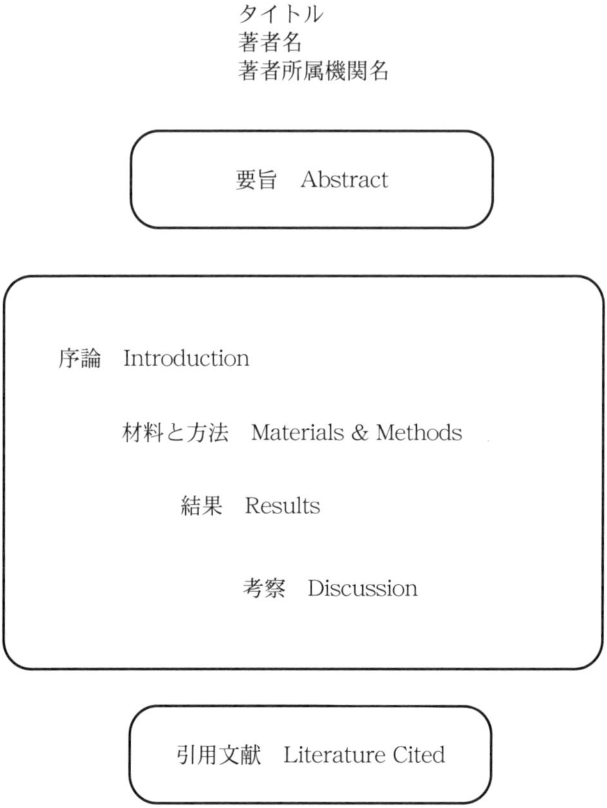

タイトル
著者名
著者所属機関名

要旨　Abstract

序論　Introduction

材料と方法　Materials & Methods

結果　Results

考察　Discussion

引用文献　Literature Cited

図 **1.2**　科学論文の標準的なフォーマット

　科学研究は、先人たちの積み上げてきた知識の上に、新しい知見をつけ加えていく作業である。研究は全くのゼロから出発するのではなく、「ある事柄についてはこれが知られていない」といった知識も含め、これまでに人類が蓄積してきた知識を土台に出発する。そして、ある論文の引用文献リストには、その研究に至るまでの道筋が示されている。

　さて、環境 DNA に関する論文を集めるという作業に戻ろう。講義担当の先生からにしろ、テレビに出演した先生からにしろ、とにかくいくつか論文が手に入ったら、それでスタートが切れる。それぞれの論文の引用文献リス

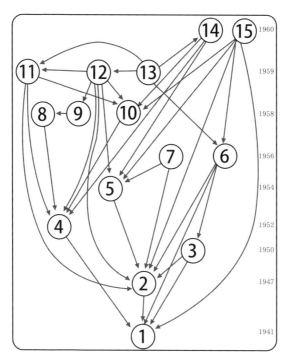

図 **1.3** 核酸に関する 15 本の論文の引用ネットワーク (Garfield (1970), Figure 1 を転載)

トを見れば、過去の論文が載っている。その過去の論文の引用文献リストを見れば、もっと過去の論文も載っているかもしれない。そして、引用文献リストの論文をガーフィールドの SCI で検索すれば、その論文が出てから現在まで、それがどの論文に引用されたかがわかる。つまり、各論文の引用文献リストと SCI を使えば、環境 DNA に関する欲しい論文を手に入れられるだけでなく、論文と論文のつながり、知識と知識のつながりのネットワークが見えてくるのだ。

環境 DNA でこの引用ネットワークを作ると、ここでの説明には少々複雑になりすぎると思うので、ガーフィールドが 1970 年の論文で示した核酸に関する論文のネットワークを見てみよう (図 1.3)。仮に 1961 年に 1956 年発表の論文⑥を手に入れたとしよう。その後に発刊された SCI を引けば、

⑬、⑮にたどり着く。⑥の引用文献リストを見れば、①、②、③が載っている。このうちの②を SCI で引けば、すでに見つけた①②③⑥⑬⑮に加えて、⑤⑦⑪⑫を見つけることができる。各論文の引用文献リストと SCI を行ったり来たりすることで、ここに載っている論文をすべて見つけることができるのだ。

　さて、Science Citation Index は、このようになかなか役に立つ索引なのだが、現実にそれを作るにあたって考えなくてはならなかったのが、数ある学術雑誌の中から、データベースに含める雑誌をどう選ぶかという問題である。論文がよく引用される雑誌はもらさず入れたい。しかし、単に被引用回数の絶対数が多い順で選んだら、掲載論文数の多い大きな雑誌ばかりになってしまう。結構引用されているのに、掲載論文数がそもそも少ない小さな雑誌は取りこぼされてしまう。そこで採用されたのが、平均被引用回数である (Garfield, 1972, 1999, 2003)。

　例えば、大きな雑誌は年間 400 論文を掲載し、それらが計 100 回引用されたとしよう。一方、小さな雑誌は年間 20 論文を掲載し、それらが計 40 回論引用されたとしよう。絶対数で比べれば、大きな雑誌の方がはるかに引用されているように見える。しかし、1 論文あたりの平均引用数では、大きな雑誌は 0.25、小さな雑誌は 2 と、小さな雑誌の重要性が見えてくる。

　余談だが、平均被引用回数を使って雑誌を選ぶという考え自体は、ガーフィールドのオリジナルではない。小さな大学の図書館員たちは、限られた予算やスペースの中で、どうやって学生教育にも一流の研究にも役立つように雑誌を選ぶかを常に考えていたわけで、平均被引用回数という概念はそんな中で生まれたようだ (Archambault & Larivière, 2009)。そして、ガーフィールドはそのアイデアを上手に活用したわけである。

1-3
とまらないインパクト・ファクターの誤用

　インパクト・ファクター。その元をたどれば、データベースに入れる雑誌を決めるために使われた雑誌の平均被引用回数にすぎない。球団の投手全員

の平均速球速度で、ある特定の投手の投球能力を判定できないように、論文が掲載された雑誌のインパクト・ファクター（平均被引用回数!）で、その研究者の能力を判定することはできない。

しかし、ここ30年あまり、特にこの20年、インパクト・ファクターの値は、科学者のキャリアを決定するあらゆる場面で使われている。研究職につけるか否か。助教授から講師へ、講師から准教授へ、准教授から教授へ昇進できるか否か。研究費を獲得できるか否か。研究費をどれだけ獲得できるか。研究費の更新ができるか否か。このすべてが、論文を発表した雑誌のインパクト・ファクターに大きく影響されている。この現象は世界的なもので、もちろん、日本も例外ではない。

> 今日では、それは［インパクト・ファクター］は、雑誌の格や質を直接的に反映するものとして使われている。雑誌の編集者や出版社は、自分たちの雑誌のインパクト・ファクターの値を読者に配信している。インパクト・ファクターは、雑誌のランク付けに使われるだけでなく、個々の研究者や研究グループや学科の評価、さらには、給与や昇進を決定する際にも使われている。(Moed, 2005, in Rushforth & Rijcke, 2015, ［］内および訳は筆者による)

> IF［インパクト・ファクター］は、科学界のあらゆるところに存在している。科学者は自分の研究がどれだけ重要かを同僚に納得させるために、それを何気なく会話にすべりこませる［…］学生やポストドクは「高インパクト・ファクター」誌にしか、論文を発表したがらない。そして、IF は、雇用、終身在職権、研究費などの決定時、候補者の過去の論文発表業績を評価する場面で頻繁に使われている。(Misteli, Editor-in-Chief, *The Journal of Cell Biology*, 2013; ［］内および訳は筆者による)

多くの国そして大学において、さらには第7次欧州研究開発フレームワーク計画下の EU の国際的機関においてさえ、給料や

研究費、そして研究費の更新は、［インパクト・ファクターのような］文献計量学的な数字によってかなり直接的に決定されている。(Reedijk, 2014;［］内および訳は筆者による)

　わが国の大学の昇任人事は、候補者が過去に出版した論文のインパクト・ファクターの総数を最優先する、という国際的にも例のない異常なものである。さらにこのインパクト・ファクターの計算法が、機械的かつ不合理極まるものなのである。
　［中略］
　現在、インパクト・ファクターが「30」台で、他誌に比べてずば抜けて高いのは、『ネイチャー』、『サイエンス』、『セル』の三誌で、御三家などともいわれる。これに対して、かつてノーベル生理学・医学賞受賞者の大半が論文を掲載し、絶対的な権威を誇っていた『The Journal of Physiology』誌のインパクト・ファクターは、わずか「4」から「5」にすぎないことになった。
　［中略］
　わが国では、例えば『ネイチャー』誌に十名の研究者が連名で論文を発表すれば、この十名の著者の各人に、平等にインパクト・ファクター値として「30」が与えられるのである。この十名のうちには、明らかに何名もの、単に実験の一部を手伝ったのみの未熟な研究者が含まれているので、この値の割り振り方は正気の沙汰とは思われない。
　これに対して、長年の努力の末、やっと『The Journal of Physiology』誌に論文を発表し得た、独立した研究者のインパクト・ファクターは、わずか「4」に過ぎない。(杉, 2014, pp.80-81)

　インパクト・ファクターを個々の研究者の評価に使うことの問題点は、インパクト・ファクターがそのような使われ方をされるようになった当初より、認識されていたようである。1983 年には、ガーフィールド自身が、引用分析を大学教員の評価にどう使うか、といった趣旨のエッセイを 2 部構

成、計 17 ページを費やして書いている (Garfield, 1983b, 1983c)。

　ある教員の業績を評価したい場合、前節で説明した Science Citation Index を使って引用関係のネットワークを作れば、その教員と同じ分野の研究をしている研究者、つまり、当該教員の研究をきちんと理解し評価できる専門家を割り出せる。そのような専門家に外部審査員をお願いすれば、より公正な評価が行える。といった、なるほどと納得することが書いてあるし、インパクト・ファクターの数値を直接個人の研究業績の評価に使うことのさまざまな問題点も指摘している。

　しかし、現在に至るまで、インパクト・ファクターの値によって、個々の論文、個々の研究者、個々の研究グループや研究施設さらには個々の国の科学研究を評価する流れは止まっていない。

▨ 参考文献

Archambault E, and Larivière V. (2009), History of the journal impact factor: Contingencies and Consequences. *Scientometrics* 79(3):635-649. DOI:10.1007/s11192-007-2036-x.

Clarivate Analytics (2017), 2017 Journal Citation Reports: Journals in the 2017 release of JCR, http://images.info.science.thomsonreuters.biz/Web/ThomsonReutersScience/%7Bda895e0c-0d4f-44f2-a6d5-6548d983a79f%7D_M151_Crv_JCR_Full_Marketing_List_A4_FA.pdf (閲覧 2018 年 3 月 24 日)

Garfield E. (1955), Citation indexes for science. A new dimension in documentation through association of ideas. *Science* 122:108-11. Reprinted in *International Journal of Epidemiology* 2006; 35:1123-1127.

Garfield E. (1964), "Science citation index" — A new dimension in indexing. *Science* 144 (3619):649-654. Reprinted in *Essays of an Information Scientist* Vol.7 (1984), pp.525-535.

Garfield E. (1970), Citation indexing for studying science. *Nature* 227:669-71. Reprinted in: *Essays of an Information Scientist* Vol.1, 1962-73 (1973), pp.133-138.

Garfield E. (1972), Citation analysis as a tool in journal evaluation. *Science* 178:471-479. Reprinted in: *Essays of an Information Scientist* Vol.1, 1962-73 (1973), pp.527-544.

Garfield E. (1983a), How to use Science Citation Index (SCI). *Current Con-*

tents 1983; No.9 (February 28): 5-14. Reprinted in *Essays of an Information Scientist* Vol.6 (1983), p.53-62.

Garfield E. (1983b), How to use citation analysis for faculty evaluations, and when is it relevant? Part 1. *Current Contents* 1983; No.44 (October 31):5-13. Reprinted in *Essays of an Information Scientist* Vol.6 (1983), pp.354-362.

Garfield E. (1983c), How to use citation analysis for faculty evaluations, and when is it relevant? Part 2. *Current Contents* 1983; No.45 (November 7): 5-14. Reprinted in *Essays of an Information Scientist* Vol.6 (1983), pp.363-372.

Garfield E. (1996), How can impact factors be improved? BMJ (*British Medical Journal*) 1996, 313:411-413.

Garfield E. (1997), Concept of citation indexing: A unique and innovative tool for navigating the research literature. Speech presented at Far Eastern State University, Vladivostok, September 4, 1997.

Garfield E. (1999), Journal impact factor: a brief review. CMAJ (*Canadian Medical Association Journal*) 161(8):979-980.

Garfield E. (2003), The meaning of the impact factor. *Revista Internacional de Psicología Clínica y de la Salud/International Journal of Clinical and Health Psychology* 3(2):363-369.

Misteli T. (2013), Eliminating the impact of the impact factor. *Journal of Cell Biology* 201(5):651-652.

Reedijk J. (2014), The value and accuracy of key figures in scientific evaluations. In: Wenner-Gren International Series, Volume 87, *Bibliometrics: Use and Abuse in the Review of Research Performance*, pp.85-93, Portland Press, London.

Rushforth A, and de Rijcke S. (2015), Accounting for impact? The journal impact factor and the making of biomedical research in the Netherlands. *Minerva* 53:117-139.

杉晴夫 (2014)、『論文捏造はなぜ起きたのか？』、光文社新書 714、光文社。

山崎茂明 (2004)、INFOSTA ブックレットシリーズ『インパクトファクターを解き明かす』、(社) 情報科学技術協会。

第 2 章
インパクト・ファクターの誤用とその問題点

　個々の論文や個々の研究者を、雑誌のインパクト・ファクターで評価することの問題点は、これまでくり返し指摘されてきた。さまざまな機会に何度も指摘されてきたのだが、この状況はいっこうに改善されない。それどころか悪化するばかりである。そのせいだろう。インパクト・ファクターに関する論文の数はうなぎのぼりである。

　例えば、図 2.1 (次ページ) は、「Journal impact factor」をトピック・ワードとして、Web of Science という文献検索データベースで検索した結果を示したものだ。Web of Science は、直訳すれば科学の網、科学のネットワーク。前にも出てきた米国クラリベイト・アナリティクス社の提供するデータベースである。ガーフィールドの設立した Institute for Scientific Information (ISI) が、後にトムソン・ロイター社 ISI となり、現在はクラリベイト・アナリティクス社となっている。そのクラリベイト・アナリティクス社の製品である。

　さて検索結果はというと、ヒットした論文の総数は 907。1 年間に発表された論文の数は、年を追うごとにほぼ指数関数的に増えている (図 2.1(a))。当然のことながら、論文の被引用回数 (総数 13,839) も、年と共に指数関数的に増加している (図 2.1(b))。現場で研究をしている科学者、そして学術雑誌の編集者からの警告も後を絶たない (図 2.2 (次ページ))。

　インパクト・ファクター関連の論文をいろいろ読んでいると、大きくわけ

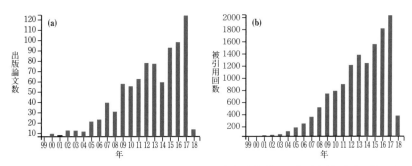

図 2.1 インパクト・ファクターに関する出版論文数 (a) と論文被引用回数 (b) の推移。「Journal impact factor」をトピック・ワードとして Web of Science で検索した結果 (エクセル版) より転載。(2018 年 4 月 2 日検索)

て 2 つの流れがあるのが見えてくる。1 つは、インパクト・ファクターはもちろんのこと、そもそも、「研究者の業績を、論文の被引用回数にもとづいた指標を使って評価する」ということ自体に異議を唱える流れである。もう 1 つは、インパクト・ファクターに代わる新しい指標を作ろうという流れである。

実は、後者については、2005 年に h 指数 (h-index; Hirsh, 2005) という指標が考案され、すでに Web of Science や他の文献検索データベースに取り入れられている。研究者の評価にも使われている。一応、定義を言っておくと、ある研究者 (あるいは雑誌) の h 指数とは、「被引用回数が h 以上の論文が h 本以上ある、という条件を満たすような最大の数値 h」である。平たく言えば、たくさん引用されている論文をたくさんもっている研究者ほど、h 指数が高い、ということになる。学術雑誌についても同様。たくさん引用されている論文がたくさんある雑誌ほど、h 指数は高くなる。

業績評価に使われる場合、h 指数は、その値が各研究者に直接与えられるという点では、インパクト・ファクターより一歩前進したものなのかもしれない。しかし、その算出に用いられるのは、論文数と論文の被引用回数である。「論文の数と被引用回数だけで、研究の科学的価値やそれを行った研究者の業績を評価できるのか」という疑問は相変わらず残る。

この章では、これまでに多くの研究者によって指摘されてきた、インパクト・ファクターを個々の論文や個々の研究者の評価に使うことのさまざまな

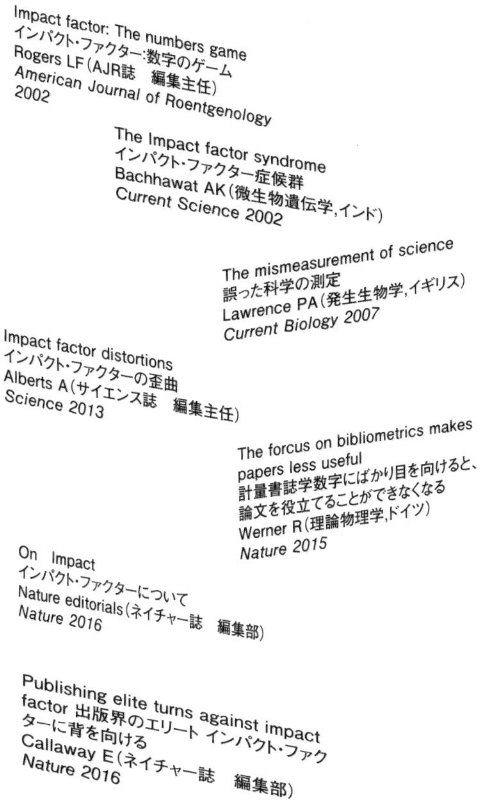

Impact factor: The numbers game
インパクト・ファクター:数字のゲーム
Rogers LF(AJR誌　編集主任)
American Journal of Roentgenology
2002

The Impact factor syndrome
インパクト・ファクター症候群
Bachhawat AK(微生物遺伝学,インド)
Current Science 2002

The mismeasurement of science
誤った科学の測定
Lawrence PA(発生生物学,イギリス)
Current Biology 2007

Impact factor distortions
インパクト・ファクターの歪曲
Alberts A(サイエンス誌　編集主任)
Science 2013

The forcus on bibliometrics makes
papers less useful
計量書誌学数字にばかり目を向けると、
論文を役立てることができなくなる
Werner R(理論物理学,ドイツ)
Nature 2015

On　Impact
インパクト・ファクターについて
Nature editorials(ネイチャー誌　編集部)
Nature 2016

Publishing elite turns against impact
factor 出版界のエリート インパクト・ファク
ターに背を向ける
Callaway E(ネイチャー誌　編集部)
Nature 2016

図 2.2　学術雑誌に掲載された科学者や編集者の意見論文やニュースの数々。タイトル、著者名、専門分野、国、掲載雑誌名を示した。

問題点について話していきたいと思う。インパクト・ファクターに特有の問題点もあるが、h 指数など新しい指標にも当てはまるものも多い。

2-1
雑誌のインパクト・ファクターからではわからない、個々の論文の被引用回数

　論文の被引用回数を評価に使うという行動の根底にあるのは、たくさん引用されている論文＝科学的価値の高い論文、という考えである（それが正

しい考えであるかどうかは、この節ではひとまず脇に置いておく)。しかし、実際に論文を評価するときに使われているのは、その論文の被引用回数ではなく、その論文の掲載された雑誌のインパクト・ファクターである。

　インパクト・ファクターによるこのような置き換えが成り立つためには、個々の論文の被引用回数とそれの載った雑誌のインパクト・ファクターの間にイコール関係があるか、少なくともそれに近い関係がなくてはならないのだが、実際はどうなのだろう。インパクト・ファクターの高い雑誌に載った論文はどれもたくさん引用されていて、インパクト・ファクターの低い雑誌に載った論文はどれもあまり引用されていないのだろうか。つまり、図 2.3 に示したような関係が成り立つのだろうか。

　実際のところどうなのか見るために図 2.4 (p.18) に示したのが、特に生物学分野の研究者にとってなじみの深い、11 の異なる雑誌の引用分布 (citation distribution) である (Larivière 他, 2016)。2015 年のインパクト・ファクターに対応するように、2013 年と 2014 年に発表された論文が、2015 年にどれだけ引用されたかを示している。各グラフの横軸は引用された回数 (被引用回数) を、縦軸は横軸の回数だけ引用された論文がいくつあるかを表している。例えば、横軸の 10 の上の棒の長さは、10 回引用された論文の数である。引用された回数が 100 を超えた場合は、100+という項にまとめられている。図中の IF は、2015 年のインパクト・ファクターの値である。

　さて、どうだろう。「個々の論文の被引用回数 = それの載った雑誌のインパクト・ファクター」といえるほど、ある雑誌に掲載された論文は、その雑誌のインパクト・ファクターに近い回数だけ引用されているだろうか。

　明らかに、そうではない。どのグラフを見ても、分布は大きく左に偏っている。たくさんの被引用回数の少ない論文が左にかたまり、ほんの少数の、被引用回数の多い論文が大きく右に伸びている 。つまり、同じ雑誌に掲載された論文でも、その被引用回数は 0 回から数十回、あるいは 100 回以上と大きく異なり、ほとんどの論文はそう頻繁には引用されていないのだ。

　もし、*Nature* と *Science* だけ少し違うなと思った人がいたなら、次の図 2.5 (p.19) も見てほしい。図 2.5 では被引用回数が 100 を超えた場合をひと

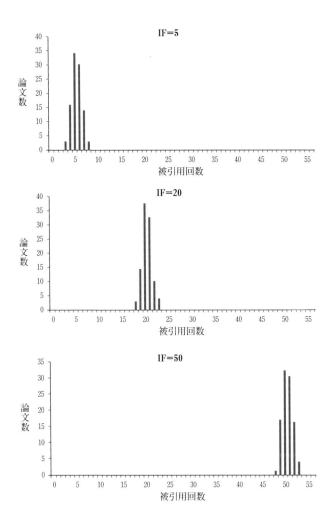

図 2.3　仮想的引用分布。論文の被引用回数 = その論文の載っている論文のインパクト・ファクターという関係が、おおよそ成り立つならば期待される分布の一例。各グラフの横軸は引用された回数 (被引用回数) を、縦軸は横軸の回数だけ引用された論文がいくつあるかを表す。多少のばらつきはあるが、どの論文の被引用回数も、それが載った雑誌のインパクト・ファクター (平均被引用回数) の周りに集まっている。IF＝インパクト・ファクター。

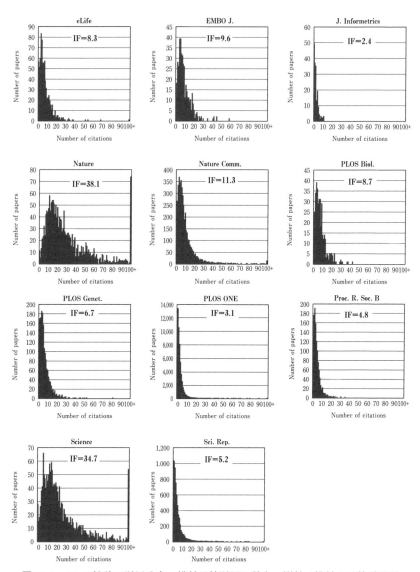

図 **2.4**　11 の雑誌の引用分布。横軸は被引用回数を、縦軸は横軸の回数だけ引用された論文の数を示す。被引用回数が 100 を超えた論文は 100+ にまとめてある。IF＝インパクト・ファクター。(Larivire 他 2016, Fig.1 を一部改変)

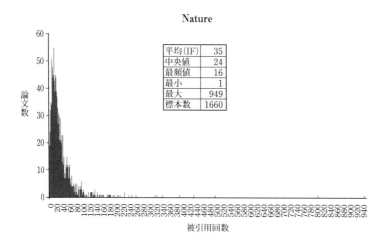

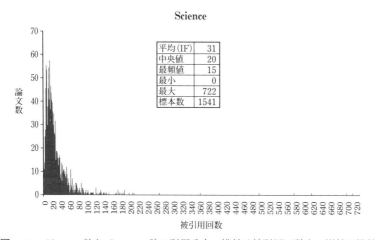

図 **2.5**　*Nature* 誌と *Science* 誌の引用分布。横軸は被引用回数を、縦軸は横軸の回数だけ引用された論文の数を示す。図 2.4 と同様に、2013 年と 2014 年に発表された論文が、2015 年にどれだけ引用されたかを示すが、図 2.4 は Larivire 他の購入した 2016 年 3 月時点での Web of Science、図 2.5 (筆者作成) は 2018 年 4 月 9 日時点でのウェブ版 Web of Science (クラリベイト・アナリティクス社) を使用しているため、多少のずれがある。

まとめにせず、1 回刻みで横軸にとっている。どうだろう。「被引用回数の
少ない多数の論文が左に集まり、ほんの少数の、被引用回数の多い論文が大
きく右に伸びている」という、他の雑誌と同じパターンが見えてきたのでは
ないだろうか。

　実際、*Nature* や *Science* などインパクト・ファクターの大きい雑誌ほど、
被引用回数の差は大きいようだ。図 2.5 の雑誌名の下の表を見てほしい。基
本的な統計量をまとめたものなのだが、*Nature* の被引用回数の最小は 1 回
で、最大は 949 回。1000 倍近い差がある。*Science* も同様。被引用回数の
最小は 0 回で、最大は 722 回である。

　このように、同じ雑誌に掲載された論文でも、被引用回数には少なくても
10 倍単位、極端な場合には 1000 倍近い差がある。したがって個々の論文の
被引用回数の代わりに、雑誌のインパクト・ファクターを使うのは、あまり
にも乱暴な行為だと言えるだろう。

　雑誌のインパクト・ファクターと個々の論文の被引用回数の間にあまり関
係のないことは、図 2.4 を別の角度から眺めてみてもよくわかる。図 2.4 に
はインパクト・ファクターが 2.4 から 38.1 と大きく異なる雑誌が載ってい
るわけだが、その引用分布はかなり重なりあう。グラフの横軸 (被引用回数)
の目盛りは、どれも同じになっているので、頭の中でグラフとグラフを重ね
合わせてみてほしい。上に伸びる棒のある横軸の範囲、つまり被引用回数の
範囲が、大きく重なるのがわかるはずだ。そして、この重なった部分では、
載っている雑誌は違っても、論文の被引用回数は同じ。載っている雑誌のイ
ンパクト・ファクターは違っても、被引用回数は同じ、である。

　ここで、インパクト・ファクターは、雑誌の平均的な被引用回数を示す統
計量としても、失格であることを言っておこう。右に大きく伸びた分布は、
図 2.4 で示された雑誌に限ったものではなく、学術雑誌一般に見られるもの
だ。そして、統計学を少しかじった方ならご存知と思うが、右に大きく伸び
た分布は、「平均的」あるいは「典型的」な値を知るために、単純な算術平
均を使ってはいけない分布である。右の方にある少数の大きな値の影響で、
算術平均は簡単に変化してしまうからだ。

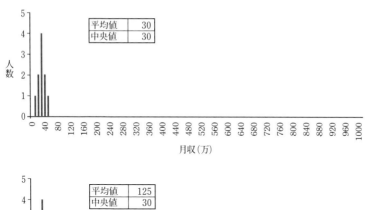

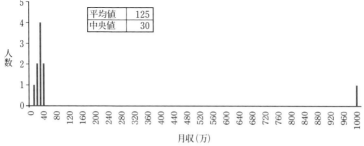

図 2.6　月収分布の変化による月収の平均値と中央値の変化。10 人のうちの 1
人の月収が 50 万から 1000 万に変化すると、平均月収は 30 万から 125 万に変
化する。中央値は、30 万のままで変わらない。

　このことは、身近な平均月収あたりを考えてみるとよくわかる。今ここ
に 10 人の人がいて、その月収の分布は図 2.6 の上のグラフに示したものだ
としよう。10 人の月収は 30 万円を中心に左右対称に分布している。平均月
収はグラフの中央の 30 万である。さて上のグラフで 50 万の月収をとって
いた人が自ら起業して成功し、月収が 1000 万になったとしよう。ここで単
純に月収の合計を人数で割るという算術平均を計算すると、平均月収は 125
万になる。しかし、残り 9 人の月収は今までと変わらず、10 万から 40 万の
間である。125 万が平均的な月収、典型的な月収と言えないのは明らかだろ
う。そして、このような右に伸びた分布の場合、平均的な月収は、算術平均
ではなく、分布を半分半分に分ける中央値で表すのがふつうである。中央値
は、1000 万といった極端な値に影響されないので、1 人の月収が突然上がっ

ても 30 万のままで変化しない。

　さて、もう一度図 2.5 に戻ってみよう。*Nature* の引用分布も *Science* の引用分布も極端に右に伸びた分布である。平均的な被引用回数である中央値は *Nature* で 24、*Science* で 20 である。そしてインパクト・ファクターは、両誌とも中央値より 10 ほど高い。ほんの少数の被引用回数のめちゃめちゃ多いスーパー論文の影響で、算術平均であるインパクト・ファクターは、実際の平均的な被引用回数より、ずっと高くなっているのである。

2-2

分野によって大きく異なるインパクト・ファクター

　インパクト・ファクターを業績評価に用いる際に全く、あるいは十分考慮されず、おそらく、最も深刻な問題を引き起こしていると考えられるのが、分野によるインパクト・ファクターの違いである。まずは、どのくらい違うのかを見てみよう。

　図 2.7 は、人文社会学系、生物学以外の理学系、そして生物学系のそれぞれについて、その系に属するいくつかの分野のインパクト・ファクターを示したものだ。濃い実線 (総合 IF) は各分野の雑誌に載った論文をすべてまとめた時の平均被引用回数を、薄い実線 (IF 中央値) は、その分野の雑誌のインパクト・ファクターの中央値を表している。

　全体としてみると、人文社会学系、そして生物学以外の理系分野の雑誌のインパクト・ファクターは、生物学分野の雑誌のインパクト・ファクターより低い。人文社会系の平均的な雑誌のインパクト・ファクター (IF 中央値) は、ビジネスと心理学を除いて、だいたい 1 前後である。生物学以外の理学系も同様。応用物理を除けば、平均的な雑誌のインパクト・ファクターは、ほぼ 1 か、それ以下である。これに対し、生物学系分野の平均的な雑誌のインパクト・ファクターは、解剖学・形態学を除けば、2 から 3 のあたりである。つまり、研究者が自分の分野の中央程度の雑誌に論文を発表した場合 (もちろん、被引用回数という面で)、生物系なら 2 から 3 のインパクト・

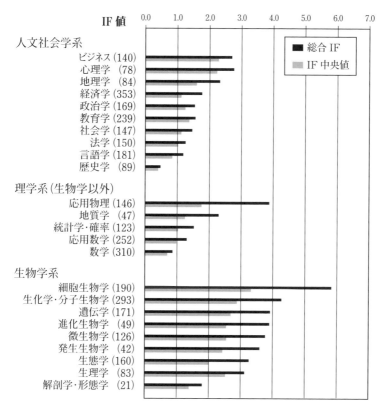

図 2.7　さまざまな分野のインパクト・ファクター (IF) 値。総合 IF はその分野の雑誌に載った論文をすべてまとめた時の平均被引用回数を、IF 中央値はその分野の複数の雑誌の IF の中央値を表す。分野名の後ろのカッコ内は雑誌数。クラリベイト・アナリティクス社 JCR (Journal Citation Reports) 2019 年 3 月 1 日のデータにもとづき作成。

ファクターを得られるが、人文社会系や生物以外の理学系では、1 インパクト・ファクター以下しか得られないのである。

　これから述べていくが、雑誌のインパクト・ファクターは、分野全体の研究者の数 (分野の大きさ)、論文が引用されるまでの時間、共著者の数、論文一本当たりに引用する参考文献の数など、さまざまな因子に左右される。そして、これらの因子は、分野によって異なるのがふつうである。分野の違

いを無視してインパクト・ファクターだけで業績を評価することは、そもそも同じ尺度で比べてはいけないものを、無理やり比べているに等しいのである。

　さて、いくら生物学系分野のほうがインパクト・ファクターが高いとはいえ、インパクト・ファクターで歴史学者と細胞生物学者を比べて、歴史学者の代わりに細胞生物学者を雇う、などという荒唐無稽なことは、さすがにしないだろう (とはいえ、国公立大学から文系をなくそうという動きには、これに近いものがある)。したがって、分野が大きく離れている場合には、インパクト・ファクターの分野による違いは、おそらく、そう深刻な問題にはならない。

　しかし、分野同士が近い場合、例えば生物学のさまざまな分野間ではどうだろう。図 2.7 下の生物学系部分をもう一度見てほしい。雑誌のインパクト・ファクターの中央値 (IF 中央値) は、それが一番低い解剖学・形態学では 1.4、一番高い細胞生物学では 3.3 で、差の絶対値は 1.9 である。総合 IF はというと、解剖学・形態学では 1.8、細胞生物学では 5.8。差の絶対値は 4 とさらに大きくなっている。

　気にかかるのは、IF 中央値と総合 IF の間の大きな違いである。データベースを提供しているクラリベイト・アナリティクス社が、各分野の雑誌のインパクト・ファクターの平均値ではなく、総合 IF という別のものをもってきているのでわかりにくい。しかし、IF 中央値と総合 IF 大きな違いは、(1) 1 つの分野の雑誌間でインパクト・ファクターに大きな違いがあること、(2) 少数の高インパクト・ファクター誌が総合 IF を押し上げていること、そして、(3) この傾向は、IF 中央値と総合 IF の差のより大きい、総合 IF の高い分野ほど強いこと、を示しているのではないだろうか。

　このことを、図 2.7 の生物学系分野の上 3 つと下 3 つについて調べた結果が、図 2.8 である。各グラフの横軸は雑誌のインパクト・ファクターを、縦軸は雑誌数を表している。例えば、横軸の 4 の上の棒の長さは、インパクト・ファクター 4 の雑誌の数である。ここでは、レビュー誌とよばれる特別

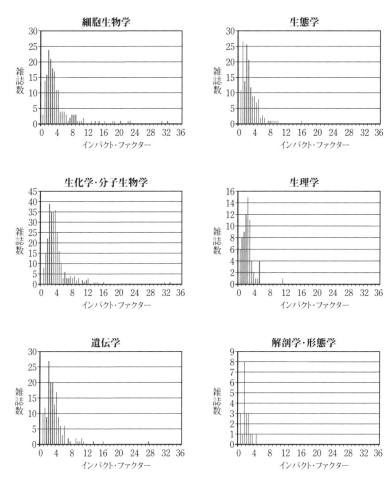

図 **2.8** 6 つの生物学分野の雑誌のインパクト・ファクターの分布。雑誌の
タイトルに review (レビュー) という単語の含まれた雑誌は、レビュー誌と判
断し除外してある。クラリベイト・アナリティクス社 JCR (Journal Citation
Reports) 2019 年 3 月 1 日のデータにもとづく。

な種類の学術誌は除いてある [*1]。

[*1]学術論文の中には、ある特定のテーマに関してそれまでに発表された論文を総覧・評
価して、その後の方向性を示唆するレビュー論文とよばれるものがある。そして、そのよ
うな論文だけを掲載するレビュー誌がある。レビュー論文は研究結果を報告する原著論文

　さて、予測した通り、どの分野でも、雑誌のインパクト・ファクターの分布は左に偏っている。大多数の雑誌のインパクト・ファクターは低く、少数のインパクト・ファクターの高い雑誌の尾が右に伸びている。総合 IF の特に高い細胞生物学、生化学・分子生物学、遺伝学では、インパクト・ファクターが 30 前後と非常に高いスーパー雑誌が見られるが、生態学、生理学、解剖学・形態学ではそのようなスーパー雑誌はほとんど見られない。分野内の雑誌のインパクト・ファクターの最高値は、生態学では 16、生理学では 12、解剖学・形態学に至っては 4 ほどである。つまり、たとえ分野内の誰もが超一流とみなす生態学者や生理学者や解剖学者が、分野内の超一流の雑誌に論文を発表したとしても、その研究者に与えられるインパクト・ファクターは、最高でも、それぞれ 16、12、4 にしかならないのである。分野による違いを考慮せず、インパクト・ファクターの数値だけで研究者を評価することの問題点。少し見えてきたのではないだろうか。

　次のいくつかの節では、なぜこのような分野による違いが生まれるのか、そして、分野による違いを無視して、インパクト・ファクターによる評価を行った場合、どれだけ深刻な問題が起こり得るのかを考えていきたいと思う。

2-3

分野の大きさとインパクト・ファクター ： 超高 IF 雑誌は、小さい分野では生まれ得ない

　科学者集団の大きさが、その分野の学術誌のインパクト・ファクターに大きく影響するという間違った考えが広まっている。しかし、このような考えは、著者の数が増えれば引用論文数も増えるが、引用可能な論文の数も増えることを見落としている。(Garfield, 2005; 訳は筆者による)

と比べて被引用回数が多いのが普通である。その結果、レビュー誌のインパクト・ファクターも原著論文の多い雑誌と比べ高くなる。

　ガーフィールドは、このように、分野の大きさ、つまり分野の研究者の数は、インパクト・ファクターに影響しないと言っているわけだが、本当だろうか。図 2.8 で見たような分野間の違いにも、研究者の数は影響していないのだろうか。引用の集中する論文や雑誌があること、つまり被引用回数の偏りを無視して、また平均で考えているのではないか、と勘繰ってしまうのは私だけだろうか。

　実は、上の引用の少し先に、次の一言もある。

　　しかし、分野が大きくなるにつれて、通常、非常に多くの回数引用されるスーパー論文の数は増加する。(Garfield, 2005; 訳は筆者による)

　正直、「ちょっと待ってよ、ガーフィールドさん」である。すでに見たように、被引用回数の多いスーパー論文の存在は、その論文が載った雑誌のインパクト・ファクターを上へと引き上げる (10 人のうちの 1 人の月収が 50 万から 1000 万になったことで、平均月収が 30 万から 125 万になった例を思い出そう)。普通に考えたら、

- 分野が大きくなる ⟹ スーパー論文の数が増える
- スーパー論文の数が増える
　⟹ それらの載った雑誌のインパクト・ファクターが上がる

したがって、

- 分野が大きくなる
　⟹ インパクト・ファクターの非常に高いスーパー雑誌が増える

と、なるのではないだろうか。

　そこで、このことを単純な例で考えてみたのが表 2.1 (次ページ) である。2 つの分野 A と B があって、研究者の数はそれぞれ 10,000 人と 1,000 人 (表 2.1 の 1)。10 倍の差がある。分野全体の雑誌数は研究者の数に比例して 100 誌と 10 誌だが、それぞれの雑誌に 1 年間に掲載される論文数は 20 本と同じである。また、論文一本当たりの引用文献、つまり参考文献の数も 10

表 **2.1**　分野の大きさと到達可能なインパクト・ファクター値 との関係の例。

1. 前提条件:

	分野A	分野B
a. 研究者数	10,000	1,000
b. 雑誌数	100	10
c. 論文数/雑誌/年	20	20
d. 引用論文数/論文	10	10

2. $(X-1)$ 年と $(X-2)$ 年の総論文数 (=引用可能論文数)

	分野A	分野B
b. 雑誌数	100	10
c. 論文数/雑誌/年	20	20
e. 2年間の総論文数 ($b \times c \times 2$)	4,000	400

3. X 年に引用された論文の総数:

	分野A	分野B
b. 雑誌数	100	10
c. 論文数/雑誌/年	20	20
d. 引用論文数/論文	10	10
f. 引用された論文の総数 ($b \times c \times d$)	20,000	2,000

4. 総合IF (分野の雑誌を全部合わせた時のIF)

	分野A	分野B
f. 引用された論文の総数 ($d \times e$)	20,000	2,000
e. 2年間の総論文数 ($e \times 2$)	4,000	400
総合IF (f/e)	5	5

5. X 年の論文すべてが、ある雑誌 α のある一つの論文Pを引用したと仮定
   (それぞれの雑誌の他の論文は引用されなかったとも仮定する)

	分野A	分野B
g. 論文数/年　($b \times c$)	2,000	200
h. 論文Pの被引用回数	2,000	200
i. 2年間に雑誌 α に載った論文数 ($c \times 2$)	40	40
雑誌 α のインパクトファクター (h/i)	50	5

で同じである。後者 2 つを定数にすることで、引用可能な論文数と実際に引用される論文数 (被引用論文数) は、研究者の人数と比例するものになっている。詳しく見ていこう。

　インパクト・ファクターの定義 (1-1 節参照) に沿った形で、直前の 2 年間 ($X-2$ 年と $X-1$ 年) に各分野の雑誌に掲載された論文が、ある年 X に平均何回引用されたかを、まず考えていく。

　直前の 2 年間の総論文数は、(雑誌数)×(各雑誌が 1 年間に掲載する論文数)×(2 年) で、分野 A では $100 \times 20 \times 2 = 4,000$、分野 B では $10 \times 20 \times 2 = 400$ である (表 2.1 の 2)。その比は $4,000 : 400 = 10 : 1$ で、研究者数の比と一致している。

　そして、X 年に発表された論文に載った参考文献の総数は、つまり引

用された論文の総数は、(雑誌数)×(各雑誌が 1 年間に掲載する論文数)×(論文一本当たりの引用論文数) で、分野 A では 100×20×10＝20,000、分野 B では 10×20×10＝2,000 となる (表 2.1 の 3)。引用された論文の総数の比も 20,000:2,000＝10:1 で、研究者数の比と一致している。

　各分野の雑誌をすべて合わせた時の平均被引用回数、つまり総合 IF は、(引用された論文の総数)÷(直前 2 年間の総論文数) で、分野 A では 20,000÷4,000＝5、分野 B では 2,000÷400＝5 である (表 2.1 の 4)。研究者の人数と比例して、分野 A では分子も分母も分野 B の 10 倍になっているので、割り算をした総合 IF は、当然分野 A と B で同じになる。つまり、分野内のどの論文もだいたい同じ回数だけ引用されるとみなして平均をとったならば、ガーフィールドの言うように、分野の大きさの影響は見られない。

　しかし、である。すでに見てきたように、被引用回数は論文によって大きく異なるのが普通である。そこで、すべての論文に引用されるようなスーパー論文があると仮定した例の 1 つが、表 2.1 の 5 である。雑誌 α (分野 A では αA、分野 B では αB) に $(X-1)$ 年に発表された論文 (分野 A では PA、分野 B では PB) が、X 年に発表された論文すべてに引用されたとしよう。X 年には、分野 A では 2,000、分野 B では 200 の論文が発表されているので、論文 PA の被引用回数は 2,000、PB の被引用回数 200 となる。

　では、これらの論文が掲載された雑誌 αA と αB のインパクト・ファクターはどうなるのか。話を単純化するために、両誌とも他の論文は全く引用されなかったと仮定してインパクト・ファクターを求めてみよう。2 年間に出された論文の総数は両誌とも 40 なので、雑誌 αA のインパクト・ファクターは 2,000÷40＝50、雑誌 αB のインパクト・ファクターは 200÷40＝5 となる。

　つまり、どういうことか。研究者の多い大きな分野ではすべての論文に引用されるような論文は、被引用回数が非常に高い、本当のスーパー論文となる。そして、その影響で、それの載った雑誌のインパクト・ファクターも跳ね上がる。それに対して、研究者の少ない小さな分野では、すべての論文に引用される論文があっても、その被引用回数はたかが知れている。その結

果、それの載った雑誌のインパクト・ファクターも大きく跳ね上がることはない。

　まとめよう。分野の大きさが違っても、引用可能論文数や被引用論文数 (= 被引用回数) が研究者の数に比例して増えていった場合、総合 IF (分野でまとめた平均被引用回数) の面では、分野間に差は生じない。しかし、どれだけ高いインパクト・ファクターの雑誌が生まれ得るかという点では、分野によって大きな差が生じる。研究者の多い分野では高インパクト・ファクターの雑誌が生まれやすく、研究者の少ない分野では、高インパクト・ファクター誌は生まれ得ないのである。

　分野間のこのような違いを無視して、研究者の業績評価や研究予算の分配にインパクト・ファクターを使うことは、実に深刻な問題を科学界にもたらしている。なぜなら、すでに沢山の研究者のいる大きな分野がさらに大きくなり、研究者数の少ない分野、研究の行き届いていない分野 (Schutte & Švec, 2007) がますます小さくなってしまうからだ。

　図 2.7 や図 2.8 では、生物学の主な分野間の比較を例に挙げたが、分野の大きさのもたらす影響は、例えば、細胞生物学なら細胞生物学の中の細かい分野間にも言えることだ。研究者の多い分野は有利で、研究者の少ない分野は不利である。研究者の多い流行の分野 は有利で、そうでない分野は不利である。流行を追う "me-too science" (Alberts, 2013) は有利で、時代の先を行く独創的な研究は不利である。

　インパクト・ファクター中心の評価をこのまま続ければ、研究者は少ないが重要な分野は消えていく。独創的な発想をもつ研究者も、その芽が出る前に摘み取られてしまうだろう。

2-4
分野の違いと 2 年インパクト・ファクター

2-4-1
2年という期間は顧客層に合わせて決められた

　第 1 章で述べたように、ある学術雑誌のある年 X のインパクト・ファクターは、その直前の 2 年間 ($X-2$ 年と $X-1$ 年) にその雑誌に掲載された論文が、その年 X に平均何回引用されたかという値である。この定義を聞いて、おそらく誰もが疑問に思うのが、「なぜ 2 年なのか」「2 年という数字はどこから出てきたのか」「なぜもっと長い期間にしないのか」という点である。

　そして、その答えはというと、なんとビジネスに関係している。インパクト・ファクターをその副産物として生み出した引用索引 Science Citation Index (SCI) が、ガーフィールドの設立した Institute for Scientific Information 社の販売する商品であったことを思い出してほしい。商品であるからには、できる限り顧客の役に立つようなものでなくてはならない。このことを念頭に選ばれたのが、2 年という期間である。ガーフィールドはこう言っている。

> [略] SCI の読者がもっとも関心をもっている分野では、参考文献の 25% がその論文の発表された年、あるいはその直前の 2 年間のものだった。そこで 2 年という期間が選ばれた。主な関心の的は、分子生物学と生化学だった。[中略] また、新規に刊行された雑誌の被引用状況を知るために、何年も待ちたくはなかった。(Garfield, 2003)

　このように、2 年という期間は、分子生物学と生化学を念頭に設定された。これらはともに、新しい文献が集中的に引用される分野である。それにも関わらず、今やこのような経緯は忘れ去られ、分野を問わず一律に 2 年という期間が使われている。当然のことながら、論文が出てもそれがすぐには引用されない分野、新しい文献だけではなく古い文献も長期的に引用される

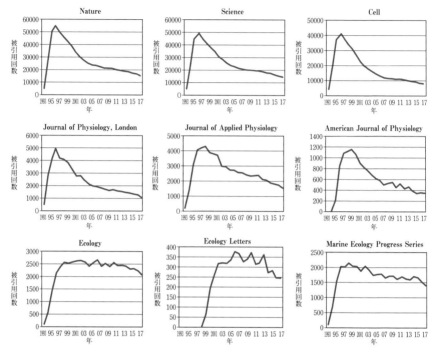

図 2.9 生物系雑誌 9 誌における被引用回数の時系列変化。各グラフは、1993 年あるいは 1994 年に発表された論文が、1993 年から 2017 年まで、毎年何回引用されたかを示す。ただし、*American Journal of Physiology* については 1994〜1995 年に発表された論文、下列中央の *Ecology Letters* については 1998〜1999 年に発表された論文が、2017 年まで毎年何回引用されたかを示す。ウェブ版 Web of Science (クラリベイト・アナリティクス社) 2018 年 4 月 30 日のデータにもとづく。

ような分野は、不当に評価されることになる。

2-4-2
2年インパクト・ファクターで
得する分野と損する分野

　どれだけ素早く論文が引用されるかをいくつかの雑誌で調べてみたのが、図 2.9 である。一番上の列が学術誌の御三家、中央が生理学系雑誌、一番下が生態学系雑誌である。各グラフは、1993 年あるいは 1994 年に発表された

論文が、1993 年から 2017 年まで、毎年何回引用されたかを示している。ただし、中列右の *American Journal of Physiology* については、1994〜1995年に発表された論文が、下列中央の *Ecology Letters* については、1998〜1999 年に発表された論文が、2017 年まで毎年何回引用されたかを表している。

　まず気づくのは、グラフの形の違いである。最上列の御三家では、被引用回数は論文発表後急速に上がり、その後すぐに下がり始める。最下列の生態学系の雑誌では、被引用回数はもう少しゆっくりと上がっていくが、いったん上まで行ったら横ばいを続け、あまり下がらない。前者は主に新しい論文が引用される雑誌で、後者は古い論文も長い期間にわたって引用される雑誌である。そして、この 2 つの中間にあるのが生理学系の雑誌だ。雑誌による差はあるが、全体としては、被引用回数は御三家ほど素早くは上がらないが、御三家ほど素早く減少することもない。

　さて今度は、これらを 2 年インパクト・ファクターという側面から見ていこう。まず目を向けてほしいのは、各グラフの左から 3 番目の年 1995 年である（ただし、*American Journal of Physiology* では 1996 年、*Ecology Letters* では 2000 年）。この年は、直前の 2 年間に発表された論文がどう引用されたかに従って、インパクト・ファクターが算出される年である。次に、グラフ全体の被引用回数のピークはどこか、そして、左から 3 番目の年の被引用回数が、ピーク被引用回数の何パーセントくらいに当たるかを見てほしい。

　一番上のインパクト・ファクター御三家では、グラフは 1996 年にピークに達している。しかし、その前年の 1995 年には、被引用回数はすでにピーク値の 90% 近くにまで到達している（*Nature* 91%, *Science* 91%, *Cell* 88%）。つまり、2 年というインパクト・ファクターの算出に使われている期間は、ほぼ引用のピークをとらえているといえる。

　中央の列の、生理学系雑誌はどうだろう。一番左、生理学分野で一番とみなされている *Journal of Physiology, London* は、上列の 3 雑誌と似たようなパターンを示している。被引用回数のピークは 1996 年だが、1995 年には

ピーク値の 85% に達している。しかし、*h*-指数では *Journal of Physiology, London* に続くと考えられる他の 2 雑誌では、少し様子が違っている。中央の *Journal of Applied Physiology* では、被引用回数のピークは 1998 年と少し後になり、1995 年の被引用回数はピーク値の 71% である。一番右の *American Journal of Physiology* も同様。被引用回数のピークは 1999 年で、インパクト・ファクター算出年である 1996 年の被引用回数はピーク値の 73% である。生理学分野では、2 年インパクト・ファクターは、引用のピークを幾分とらえ損ねているといえるだろう。

　さて、一番下の列の生態学系雑誌はどうだろう。一番左の *Ecology* では、被引用回数が高止まり横ばい状態に入ったとみなせるのは 1998 年である。そして 1995 年の被引用回数は 1998 年の値の 57% である。中央の Ecological Letters はちょっと難しいが、低めに見積もって 2002 年に横ばい状態に入ったとしよう。インパクト・ファクター算出年である 2000 年の被引用回数は、2002 年の値の 60% である。そして、一番右の *Marine Ecology Progress Series* では、1996 年には横ばい状態に入っているが、1995 年の被引用回数は 1996 年の 70% である。生態学分野では、2 年インパクト・ファクターは引用のピークをかなりとらえ損ねている、といえるだろう。

　実際、3 年インパクト・ファクターや 4 年インパクト・ファクターを調べてみると、生態学系雑誌では、インパクト・ファクターは期間が長くなるほど上がっていくのがわかる。例えば図 2.10 は、2 年インパクト・ファクターを 100 としたときの、3 年および 4 年インパクト・ファクターを、先の学術誌御三家 (上列) と生態学系雑誌 3 誌 (下列) について示したものだ。

　生態学系雑誌 *Ecology* と *Marine Ecology Progress Series* では、3 年インパクト・ファクターは一貫して縦軸の目盛り 100 のラインより上にある、つまり 2 年インパクト・ファクターより大きい。そして、4 年インパクト・ファクターは一貫して 3 年インパクト・ファクターより大きくなっている。中央の *Ecology Letters* でも、掲載論文数の増えた 2008 年以降は、同じ傾向が見てとれる。そして、このような「期間が長くなるにつれて一貫してインパクト・ファクターが上がっていく」というパターンは、御三家雑誌には

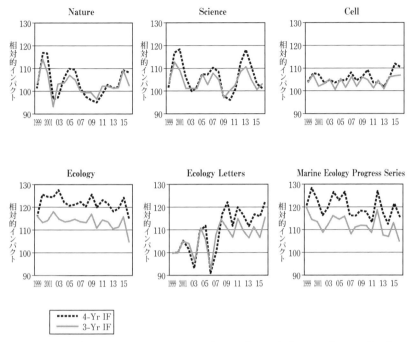

図 **2.10** 2 年インパクト・ファクターを 100 としたときの、3 年および 4 年
インパクト・ファクター。上列は学術誌御三家、下の列は生態学系雑誌を示す。
Scimago Lab (http://www.scimagojr.com/)。2018 年 5 月 3 日のデータに
もとづく。

見られない。

　この節の最後に、図 2.9 を逆からみたようなグラフを見ておこう。図 2.9
では、ある年に発表された論文が、その後いつ、どのくらい引用されていく
かを見たわけだが、今度は、ある論文の引用文献リストを見た場合、どのく
らい古い論文まで載っているかを見てみた。

　御三家の *Nature*、*Science*、*Cell* 誌と生態学系雑誌の *Ecology* について、
2017 年に発表された論文に引用されていた文献の内訳 (全体に占める % 割
合) を、年ごとにまとめたのが図 2.11 (次ページ) である。論文出版年であ
る 2017 年から始まり、時計回りに 1 年ずつ時をさかのぼっている。

　さて、どうだろう。御三家と *Ecology* では、明らかにパターンが違うの

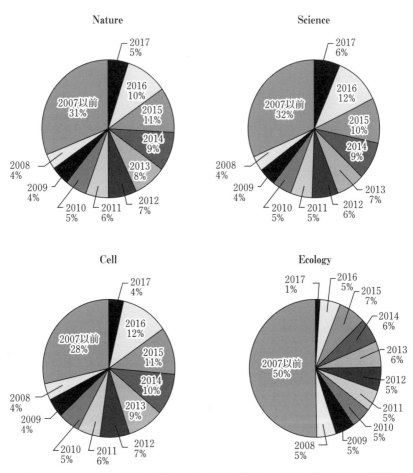

図 **2.11**　2017 年の論文に引用された文献の発表年の割合。御三家と生態学雑誌 *Ecology* を比較した。Journal Citation Reports (クラリベイト・アナリティクス社) 2019 年 3 月 1 日のデータにもとづく。

に気付いただろうか。御三家雑誌では、論文出版年の直前 2 年間の文献がそれぞれ 10% 以上と高く、時をさかのぼるとともに、引用される文献の割合は規則的に減少している。一番高い 2015〜2016 年と、それより 7〜8 年前で一番低い 2008 年では、7〜8% の差がある。10 年以上前の論文の割合は 30% 前後である。

　これに対して、*Ecology* では、時をさかのぼるとともに割合が減少するという傾向はあるものの、引用される文献が論文出版年の直前 2 年間に大きく偏るといったことは見られない。一番高い 2015 年と、それより 7 年前で一番低い 2008 年の差は 2%。幅広い年齢の文献が似たような割合で引用されていることがわかる。そして、10 年以上前の論文が 50% と、半分を占めている。

　御三家は新しい論文を集中的に引用する雑誌で、*Ecology* は古い論文も長い期間引用される雑誌であることが、再確認できたのではないだろうか。

2-5

分野による共著者数の違いと
インパクト・ファクター

　分野によるインパクト・ファクターの違いに影響すると結論づけるには少々データ不足だが、論文の被引用回数を引き上げる要因として良く挙げられるのが、論文の共著者数、つまり共同研究者の数である。

　科学者も人間、ついつい自分の論文を引用したくなる。お友達の科学者にも宣伝したくなる。その結果、近い将来論文が引用される回数は、著者の数が多ければ多いほど、そして、お友達の輪が広がれば広がるほど高くなる、というわけだ。

　例えば図 2.12 (次ページ) は、理学系の 4 つの分野について、共著者の数と論文一本当たりの被引用回数との関係を調べたものだ (Vieira & Gomes, 2010)。かなり規模の大きな研究で、2004 年発行の生物・生化学雑誌 455 誌 (論文数 44,248)、化学雑誌 574 誌 (論文数 97,177)、数学雑誌 387 誌 (論文数 20,127)、物理雑誌 338 誌 (論文数 64,614)、合計 226,166 本の論文を、2009 年の 1 月に調べている。被引用回数を数えた期間はおよそ 5 年である。

　結果はというと、見ての通り。すべての分野で、共著者数とともに論文の被引用回数は増加している。

　さて今は、分野別に共著者数と論文の被引用回数との関係を見たわけだが、共著者数は、分野間のインパクト・ファクターの違いとも関係している

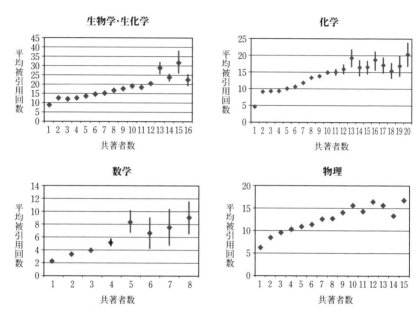

図 2.12　共著者数と平均被引用回数との関係。グラフ上の点は、各共著者数に対応する複数の論文の被引用回数の平均を表す。点から上下に伸びる線は、平均の標準偏差 (つまり標準誤差) を示す。(Vieira & Gomes 2010, Fig.6 を転載。ただし、元の図にあった回帰曲線は除いてある)

のだろうか。共著者の数は、社会科学や数学・コンピューター科学では 2 人程度のことが多いが、基礎生命科学分野 (細胞生物学、分子生物学、生化学など) では 4 人や 5 人になるのが普通である (Amin & Mabe, 2000)。共著者数の多い分野ほど、雑誌のインパクト・ファクターは高いのだろうか。

　それを調べた結果が図 2.13 である。12 の学問分野について、各分野の学術誌のインパクト・ファクターの平均 (= 平均インパクト・ファクター) を示したのが、左のパネル a。そして、これら 12 の分野について、論文一本当たりの平均著者数と平均インパクト・ファクターとの関係を示したのが右のパネル b である。

　パネル b の直線は右上がり。平均著者数が多い分野ほど、平均インパクト・ファクターは高くなっている。縦軸は対数で表されているので、実際に

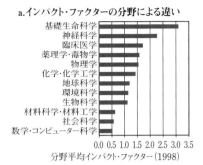
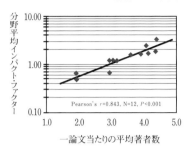

図 **2.13** a. インパクト・ファクターの分野による違いと、b. インパクト・ファクターと著者数との関係。(Amin & Mabe 2000, 図 2a, b を転載)

は、平均インパクト・ファクターは、著者数の増加とともに指数関数的に増えている。

インパクト・ファクターを上げるために共著者数を故意に増やすとは考えにくい。しかし、細分化がより進んでいる分野では共同研究もより進んでいて、その結果共著者数が増え、それがインパクト・ファクターの上昇に多少なりとも貢献している可能性はありそうである。

ここで、ここまでの話を少しまとめておこう。2-1 節では、論文の載った雑誌のインパクト・ファクターを個々の論文の被引用回数の代わりに使って、論文を評価することの問題点を指摘した。そして 2-2 節 ～2-5 節では、雑誌のインパクト・ファクターが分野によって大きく異なることに焦点を当てた。分野間の違いをもたらしていると考えられる主な要因を取り上げ、分野間の違いを無視して雑誌のインパクト・ファクターのみで論文や研究者を評価することの問題点を指摘した。

次の 2-6 節では、インパクト・ファクターの算出法そのものに内在する問題点を、2-7 節では、科学者の引用行動という側面から、論文の被引用回数で研究の価値を判断することの問題点を指摘していく。

2-6
不透明なインパクト・ファクター算出法

第 1 章で紹介したインパクト・ファクターの算出式をもう一度見ていただこう。

$$
\begin{aligned}
&\text{ある雑誌の 2019 年のインパクト・ファクター} \\
&= \frac{\begin{array}{c}(\text{2017 年と 2018 年にその雑誌に掲載された論文が、}\\ \text{2019 年に様々な雑誌に引用された回数})\end{array}}{(\text{2017 年と 2018 年にその雑誌に掲載された論文の総数})}
\end{aligned}
$$

割り算を 1 つ含むだけの単純な式で一見何の問題もないように思えるのだが、実は "There's more to the story." 話はそう単純ではなく、いくつかの重大な問題点が指摘されている。まずは、これらの問題点を理解するのに必要な基礎知識を得るところから始めよう。

2-6-1
学術雑誌に掲載される記事は多種多様

論文もネットで検索して、その pdf ファイルをダウンロードして手に入れる時代。紙媒体の雑誌を手に取り、全体に目を通すことは少なくなった。そのせいで見えにくくなっているのが、学術雑誌にはさまざまな種類の記事が載っているということだ。

学術雑誌の記事には、まず、みなさんが「論文」と聞いてイメージする研究結果を報告する論文がある。これは、原著論文とよばれている。次にレビュー論文がある。レビュー論文は、2-2 節の注 (p.25) でも述べたように、ある特定のテーマに関してそれまでに発表された論文を総覧・評価して、その後の方向性を示唆する種類の論文である。そして、この 2 つ、原著論文とレビュー論文が、ふつう研究者が論文と聞いてイメージするものだ。これらは査読とよばれる同じ分野の研究者による審査を経て、初めて雑誌に掲載される。

しかし、雑誌にはこれら以外のさまざまな記事が載っている。また、原著論文もその長さや重要性などによって、いくつかの種類に分けられていたり

表 **2.2**　*Nature* の目次。

1. 557巻7703号　2018年5月3日

大見出し	小見出し	記事数	内容
This week	Editorials	3	論説記事
	World View	1	科学者によるエッセイ
	Research Highlights	9	さまざまな雑誌に発表された研究のハイライト　9報
	Seven Days	13	科学関連ニュース　13報
Careers		2	キャリア・アドバイス記事
News in Focus		6	Natureの記者によるニュース
	Features	1	科学ジャーナリストによる特集記事
Technology		1	科学ジャーナリストによる記事
Comments		1	科学者によるコメント記事
	Books & Arts	3	書評、映画評
	Correspondence	5	通信欄　5件
Futures		1	サイエンス・フィクション
Research	New Online		その週にオンラインで発表された論文の紹介
	News and Views	6	科学の最先端の発見の非専門家向け解説
	Articles	4	原著論文(研究結果報告)
	Letters	12	原著論文(研究結果報告)

2. 557巻7704号　2018年5月10日

大見出し	小見出し	記事数	内容
This week	Editorials	3	論説記事
	World View	1	科学者によるエッセイ
	Research Highlights	9	さまざまな雑誌に発表された研究のハイライト　9報
	Seven Days	14	科学関連ニュース　14報
Careers		2	キャリア・アドバイス記事
News in Focus		6	Natureの記者によるニュース
	Features	1	科学ジャーナリストによる特集記事
	Spotlights	2	科学ジャーナリストによる記事
Comments		2	科学者によるコメント記事
	Books & Arts	3	書評、映画評
	Correspondence		通信欄　5件
Futures		1	サイエンス・フィクション
Research	New Online		その週にオンラインで発表された論文の紹介
	News and Views	6	科学の最先端の発見の非専門家向け解説
	Articles	4	原著論文(研究結果報告)
	Letters	13	原著論文(研究結果報告)

する。どのような基準で、どのような種類に分け、どんな名前をつけるかは雑誌によってさまざまである。例えば、表2.2と表2.3 (次ページ) に示したのは、前にも登場した3誌 *Nature*、*Journal of Physiology* (生理学雑誌)、*Ecology* (生態学雑誌) の目次である。号によって多少の差があるので、各雑誌につき2つの号の目次を示した。

　ざっと目を通して見てほしい。原著論文がいくつかの見出しに分けられていることはどの雑誌も共通だが、他に何か気づかないだろうか。

　まず、気づくのは *Nature* と他の2つの雑誌の違いである。*Nature* では、原著論文やレビュー論文のほかに実に多種多様な記事が載っている。それに

表 **2.3**　*The Journal of Physiology* (生理学会誌) と *Ecology* (アメリカ生態
学会誌) の目次。

A. Journal of Physiology
1. 596巻9号　2018年5月1日

見出し	記事数	内容
Journal club	2	同誌掲載論文への大学院生やポストドクによるコメント記事
Perspectives	6	同誌同号掲載論文のハイライト、非専門家向け解説
Translational perspectives	1	同誌掲載論文の他分野・臨床分野への応用の解説
Alimentary	1	原著論文(研究結果報告)
Cardiovascular	1	原著論文(研究結果報告)
Molecular and cellular	2	原著論文(研究結果報告)
Muscle	1	原著論文(研究結果報告)
Neuroscience	6	原著論文(研究結果報告)

2. 596巻10号　2018年5月15日

見出し	記事数	内容
Editorial	1	論説
Perspectives	4	同誌同号掲載論文のハイライト、非専門家向け解説
Translational perspectives	1	同誌掲載論文の他分野・臨床分野への応用の解説
Journal club	2	同誌掲載論文への大学院生やポストドクによるコメント記事
Techniques for physiology	2	原著論文(研究結果報告)
Symposium section reviews	5	シンポジウム関連レビュー論文・原著論文
Cardiovascular	1	原著論文(研究結果報告)
Neuroscience	6	原著論文(研究結果報告)

B. Ecology
1. 99巻4号　2018年4月

見出し	記事数	内容
Editorial	1	論説記事
Reports	1	原著論文(研究結果報告)
Articles	19	原著論文(研究結果報告)
The Scientific Naturalist	3	博物学写真付きエッセイ
Data Papers	2	データベース
Book Reviews	5	書評

2. 99巻5号　2018年5月

見出し	記事数	内容
Reports	5	原著論文(研究結果報告)
Concepts & Synthesis	1	レビュー論文
Articles	16	原著論文(研究結果報告)
Notes	1	原著論文(研究結果報告)
The Scientific Naturalist	3	博物学写真付きエッセイ
Data Papers	1	データベース
Book Reviews	4	書評

対して、*Journal of Physiology* や *Ecology* では、原著論文やレビュー論文
がメインで、その他の記事は少ない。この違いは、各雑誌のそもそもの成り
立ち、つまり、どのような目的で、どのような読者を対象とした雑誌として
スタートしたかに関係している。

　学術分野に籍を置く人々の多くが *Nature* 症候群にかかっている現在、
Nature は超一流の学術雑誌であり、学者だけが読むもの、一般人からは遠

いもの、という残念なイメージが定着してしまったように思える。しかし、1869 年に *Nature* が発刊された当初はそうではなかった。*Nature* は、マクミラン社を創設したマクミラン兄弟の兄アレクサンダーの思い入れで、(1) 細分化していく科学分野同士をつなげること、そして、(2) 興味深い科学の新発見を一般読者に伝えること、の 2 つを目的に、赤字を覚悟で発刊された[*2]。つまり、*Nature* は一般読者も含めた広い読者層を対象として、分野も特定のものに限らない総合誌としてスタートしたのである。そして、その伝統が、さまざまな記事に受け継がれている。科学分野の細分化がますます進んだ今日、*Nature* に載っている原著論文やレビュー論文を専門知識なしに理解するのはむずかしくなった。しかし、それ以外の記事は、専門知識なしに十分読めるものである。

　この *Nature* と対照をなすのが、*Journal of Physiology* と *Ecology* である。この 2 つは学会誌とよばれるもので、*Journal of Physiology* は生理学会 (The Physiological Society) という生理学者からなる学会、*Ecology* はアメリカ生態学会 (Ecological Society of America) という生態学者からなる学会の発行する学術誌である。学会の会員同士が研究結果を共有するというところからスタートした雑誌であり、その分野の科学者を対象とした専門誌である。

　3 つの雑誌を例にとったが、上で見た *Nature* と他 2 誌との違いは一般的に見られるものだ。幅広い読者を対象とする総合誌には原著論文やレビュー論文以外の記事が多く、特定の分野の専門家を対象とした専門誌・学会誌では、原著論文やレビュー論文が中心である。

2-6-2　分母と分子の非対称

　学術雑誌に掲載される記事には、原著論文やレビュー論文の他にもいろいろあり、総合誌ほど、原著論文やレビュー論文以外のものが多い、ということがわかったところで、インパクト・ファクターの算出式にもどろう。まず

[*2]www.nature.com/nature/history、2018 年 5 月 26 日版にもとづく。

は、第 1 章で紹介した式

> ある雑誌の 2019 年のインパクト・ファクター

$$= \frac{(2017 \text{ 年と } 2018 \text{ 年にその雑誌に掲載された論文が、} 2019 \text{ 年に様々な雑誌に引用された回数})}{(2017 \text{ 年と } 2018 \text{ 年にその雑誌に掲載された論文の総数})}$$

　この式に従ってインパクト・ファクターを算出するとしたら、次のように
なるはずだ。まずは、論文と定義されるものは何かを考える。これはきちん
とした査読の入る研究論文、つまり、原著論文とレビュー論文に限るべきだ
ろう。そして、2017 年と 2018 年にその雑誌に掲載された論文 (原著論文と
レビュー論文) の総数を数える。これが分母になる。つぎに分母で数えた論
文 (原著論文とレビュー論文) それぞれが、2019 年に何回引用されたかを数
え、それらを合計する。これが分子になる。この分子を分母で割れば、1 論
文当たりの被引用回数、つまり、インパクト・ファクターになる。

　しかし、である。会社はガーフィールドの ISI から、トムソン・ロイター
社、クラリベイト・アナリティクス社と変わってきたものの、ISI の時代か
ら一貫してインパクト・ファクターの算出に用いられてきたのは、実は上の
式で表されるものではない。次の式で表されるものだ (McVeigh & Mann,
2009; Hubbard & McVeigh, 2011)。

> ある雑誌の 2019 年のインパクト・ファクター

$$= \frac{(2017 \text{ 年と } 2018 \text{ 年にその雑誌に掲載された記事が、} 2019 \text{ 年に様々な雑誌に引用された回数})}{(2017 \text{ 年と } 2018 \text{ 年にその雑誌に掲載された引用可能な記事の総数})}$$

　先の式の「論文」という単語が「記事」に変わっただけではないのに、気
づいただろうか。先の式では、分母と分子に共通の「その雑誌に掲載された
論文」という言葉があった。そして、それに従って、分母で論文として数え
たものについて、分子ではその被引用回数を数えていた。しかし、下の式で
は、分母では「その雑誌に掲載された引用可能な記事」、分子では「その雑
誌に掲載された記事」となっている。つまり、分母と分子では、「記事」と

して数えるものが同じではない、異なっているのだ。

　では、実際に何をしているかというと、分母では、クラリベイト・アナリティクス社が引用可能記事 (citable item) とみなした記事の総数を数え、分子では記事の種類は問わず、すべての記事への引用の総数を数えている。引用可能記事は、基本的には、研究論文 (原著論文とレビュー論文) ということになっている (しかし、2-6-3 節も参照のこと)。したがって、分母で数えるのは、研究論文の総数。分子で数えるのは、すべての記事への引用の総数である。

　つまり、どういうことか。研究論文以外の記事への引用も分子では数えていて、それを分母の研究論文数で割っているので、出てきた数値、つまり現在発表されているインパクト・ファクターは、研究論文一本当たりの平均被引用回数ではなく、研究論文以外の記事への引用によって水増しされた値になっているのである。

　そして、このインパクト・ファクターの算出法で有利になるのが、*Nature* をはじめとする総合誌である。総合誌の場合、分母に数えるのは研究論文だけだが、分子では研究論文以外のたくさんの記事への引用が被引用回数を稼いでくれる。一方、専門誌の場合、そうはいかない。記事は研究論文がほとんどなので、他の記事への引用で被引用回数を稼げる度合いはずっと低くなる。

　ところで、なぜ、分母で数えた研究論文への引用ではなく、すべての記事への引用の総数を数えたりしているのだろうか。それは、引用文献リストに記載されている情報だけから、記事の種類を判断するのはむずかしいからだ。

　インパクト・ファクター値を含む Journal Citation Report (JCR) 作成のためのデータベースは膨大である。まだトムソン・ロイター社だった 2009 年の時点で、データベースに含まれた学術誌の数は約 12,000、学会論文集の数は 3,000。両方合わせた巻や号の冊数は 11 万。180 万の論文に載った 4800 万の引用文献を解析している (Hubbard & McVeigh, 2011)。当然のことながら、解析はコンピュータを使ったものになる。そして、すでに述べ

たように、引用文献リストに載っている情報 (著者名、発表年、タイトル、雑誌名、巻 (号)、開始ページ、終了ページ) だけから、記事の種類を判断するのはほぼ不可能である。ヒントになるのは、いいとこページ数だけ。それだって、短い研究論文もあれば、長めのコメント記事だってある。これだけで判断はできない。また、4800 万もある元の文献を 1 つひとつチェックして種類を決める、などという時間的余裕もない。

　結果、基本的にコンピュータが行っているのは、引用文献リストに載っている論文の発行年と雑誌名をチェックして、各雑誌の何年発行のものが何回引用されたかを数え上げるという作業である。引用文献に記載されている情報が間違っていて、それとマッチする論文がないとしても、引用文献リストに載った発行年と雑誌名に問題のない限り、引用 1 回として数えられている。

　このように、インパクト・ファクターの算出プロセスは、正確とは言い難いものである。膨大なデータをコンピュータ処理していく上で、仕方のないことなのかもしれない。しかし、研究論文一本当たりの平均被引用回数が水増しされていることも、また、引用が間違っていても、発行年と雑誌名に問題がない限り引用としてカウントされているのも事実である。

　重要なのは、これらの問題があることを知って、インパクト・ファクターの「ニセの精密さ」(false precision; Hicks 他, 2015) に騙されないことだ。通常、インパクト・ファクターは小数点以下 3 位までの数字で発表されるので、いかにも緻密な計算にもとづいた正確な数字であるような印象を植え付けられてしまう。しかし、現在流通しているインパクト・ファクターは、研究論文以外の記事への引用、そして所在の確認できない論文への引用によって水増しされたものである。そして、水増しの度合いは、時には 25% 以上と結構なものになる。2 つほど例を見てみよう。

　表 2.4 に示したのは、生化学・分子生物学分野の学術誌 4 誌と *Nature*、そして *Science* について、研究論文一本当たりの平均被引用回数を調べ、それを JCR 発表のインパクト・ファクターと比べたものだ (Larivière & Sugimoto, 2018)。2014〜2015 年発表の記事が 2016 年に引用された総回数

表 **2.4** 生化学・分子生物学分野 4 誌と *Nature* および *Science* における、原著論文、レビュー論文、引用不可記事、不一致論文の被引用回数と総被引用回数に占める割合 (%)。2014 年と 2015 年に発行された論文の 2016 年における引用。(Larivire & Sugimoto, 2018, Table 2 を転載)。

雑誌名	被引用数								引用可能記事数	対称的IF	JCR IF	IF増加率%
	原著論文		レビュー論文		引用不可記事		不一致記事		合計N			
	N	%	N	%	N	%	N	%				
Cell	20,885	78.6	3,068	11.5	601	2.3	2,016	7.6	26,570	869	27.564	30.410	10.3
Nat Chem Biol	3,263	77.4	378	9.0	217	5.1	356	8.4	4,214	268	13.586	15.066	10.9
PLOS Biol	3,088	85.3	6	0.2	237	6.5	290	8.0	3,621	384	8.057	9.797	21.6
FASEB J	3,650	74.6	235	4.8	203	4.2	802	16.4	4,890	881	4.410	5.498	24.7
Nature	55,380	78.6	3,925	5.6	5,067	7.2	6,047	8.6	70,419	1,784	33.243	40.140	20.7
Science	45,708	73.0	4,886	7.8	5,657	9.0	6,340	10.1	62,591	1,721	29.398	37.210	26.6

雑誌名は以下。Nat Chem Biol = *Nature Chemical Biology*, PLOS Biol = *PLOS Biology*, FASEB J = *FASEB Journal.*

のうち、それぞれ何回が、原著論文、レビュー論文、それ以外の記事 (引用不可記事)、元論文の特定できない記事 (不一致記事) への引用かを調べている。表中の *N* はそれぞれの種類の記事への引用回数を、% はすべての引用に占めるそれぞれの種類の記事への引用のパーセント割合を示している。引用可能記事数は、2014～2015 年に発表された原著論文とレビュー論文の総数である。

そして、表中の対称的 IF が、引用可能記事 (原著論文とレビュー論文) 1 本当たりの正確な平均被引用回数、つまり、引用可能記事への引用の総数を、引用可能記事の総数で割ったものである。例えば、一番上の *Cell* 誌であれば、$(20,885+3,068)\div869=27.564$ となる。そして、その右の列の JCR IF が JCR 発表のインパクト・ファクター値である。最後の列は、JCR IF が対称的 IF と比べて何 % 多くなっているかを示している。

さて、どうだろう。まずは、元論文の特定できない引用の多いことに驚かされる。平均 10% くらいはありそうである。そして、原著論文とレビュー論文以外の記事への引用は、やはり総合誌である *Nature* と *Science* では、他の 4 誌より高くなっている。では、インパクト・ファクターはというと、JCR 発表のインパクト・ファクター値は、きちんと計算した対称的 IF に比べ少なくとも 10%、一番多い *Science* では、26.6% も大きいものになっている。差の絶対値を見てみても、*Nature* では $40.140-33.243=6.897$、

表 **2.5**　医学分野 5 誌における、引用可能記事と引用不可記事の被引用回数と総被引用回数に占める割合 (%)、および対称的・非対称的 1 年インパクト・ファクター。A. 2000 年に発行された論文の 2002 年における引用、B. 2005 年に発行された論文の 2007 年における引用。

A. 2000年発表論文の2002年における引用

雑誌名	被引用数					引用可能	対称的	JCR	IF増加率
	引用可能記事		引用不可記事		合計N	記事数	IF	IF	%
	N	%	N	%					
Ann Rev Med	254	100.0	0	0.0	254	33	7.697	7.697	0.0
BMJ	3,687	78.8	994	21.2	4,681	612	6.025	7.649	27.0
JAMA	5,333	85.8	881	14.2	6,214	377	14.146	16.483	16.5
Lancet	8,400	85.0	1,478	15.0	9,878	821	10.231	12.032	17.6
NEJM	9,921	88.8	1,250	11.2	11,171	379	26.177	29.475	12.6

B. 2005年発表論文の2007年における引用

雑誌名	被引用数					引用可能	対称的	JCR	IF増加率
	引用可能記事		引用不可記事		合計N	記事数	IF	IF	%
	N	%	N	%					
Ann Rev Med	426	100.0	0	0.0	426	33	12.909	12.909	0.0
BMJ	3,041	80.4	739	19.6	3,780	522	5.826	7.241	24.3
JAMA	6,723	89.5	791	10.5	7,514	324	20.750	23.191	11.8
Lancet	9,739	89.6	1,131	10.4	10,870	422	23.078	25.758	11.6
NEJM	14,172	87.4	2,046	12.6	16,218	308	46.013	52.656	14.4

MeVeigh & Mann, 2009, Table のデータにもとづき筆者作成。雑誌名は以下。Annu Rev Med = A*nnual Review of Medicine,* BMJ = *British Medical Journal,* JAMA = *The Journal of the American Medical Association,* NEJM = *New England Journal of Medicine.*

Science では 37.210−29.398＝7.812 とかなりのものである。

　表 2.5 に示したのは、表 2.4 と似たようなことを医学雑誌 5 誌で行ったものだ。2000 年に発表された記事の 2002 年における引用 (A)、そして 2005 年に発表された記事の 2007 年における引用 (B) について、何回が引用可能記事への引用で、何回が引用不可記事への引用かを調べている。表中の *N* はそれぞれの種類の記事への引用回数、% はすべての引用に占めるそれぞれの種類の記事への引用のパーセント割合である。

　実はこの表の一番左の列から引用可能記事数の列までのデータは、トムソン・ロイター者の職員 (研究者かな?) の論文 (McVeigh & Mann, 2009) に掲載されていたものである。彼らが主張したかったのは、「実際に引用されている文献のほとんどは、引用可能記事である (最低でも 80% 弱)。したがって、引用不可記事への引用がインパクト・ファクターに与える影響は小さい」と

いうことなので、当然のことながら、インパクト・ファクターへの影響を見るための右3列は、もともとの表にはなかった。この3列は筆者が作ったもので、対称的1年IFは(引用可能記事への引用の総数)÷(引用可能記事数)、非対称的1年IFは(両方の種類の記事への引用の総数)÷(引用可能記事数)という式で計算されている。表5Aの2列目のBMJの場合、対称的1年IFは$3687÷612=6.025$、非対称的1年IFは$4681÷612=7.649$となる。

ここでも、分子と分母で記事の種類の異なる非対称的IFは、分子と分母で記事の種類をそろえた対称的IFと比べ、最低でも10%、多い時には27%も大きくなっている。この値を大きいとみなすか、小さいとみなすかは、むずかしいところだ。しかし、小数点以下3位までを示していかにも正確な数値であるような印象を与えていることを考えると、やはり大きな誤差と言えるのではないだろうか。

2-6-3 引用可能記事の不明確な判断基準

前小節で、引用可能記事は、基本的には、研究論文(原著論文とレビュー論文)ということになっていると言ったのだが、実はこの「引用可能記事」のまわりにも、なにやら暗雲が立ち込めている。

現在クラリベイト・アナリティクス社のデータベースは一万以上の雑誌をカバーしている。そして、各雑誌に掲載されている記事は多種多様である。当然のことながら、どの記事が原著論文やレビュー論文に相当するかの判断も、おそらく、コンピュータで自動化されたものだろう。記事のタイトル、著者名と著者の所属する機関名、要約、記事の長さ、図や表の有無、1ページ当たりの引用文献数など、さまざまな側面から記事を解析し、原著論文にあって他の記事にはない特徴、レビュー論文にはあって他の記事には特徴などを使って、記事の種類を判断しているようだ(McVeigh & Mann, 2009)。しかし、具体的にどのように行われているかは企業秘密なのだろう、公開されていない。

このように、判断のすべてはクラリベイト・アナリティクス社にゆだねられているわけだが、判断基準が不明確で客観性に欠けるという批判が絶えな

い。例えば、2004 年 10 月にスタートしたオープン・アクセス・ジャーナ
ルである *PLoS Medicine* の編集委員たちは、次のように述べている (The
PLoS Medicine Editors, 2006; 訳は筆者による)。

> 私たちのジャーナルの最初のインパクト・ファクターの値に興味
> がないと言ったら嘘になる。[中略] *PLoS Medicine* のどのタイプ
> の記事が「引用可能」とみなされるかについて、トムソン・サイエ
> ンティフィック社と話し合う中で明らかとなったのは、雑誌のイン
> パクト・ファクターを決定するプロセスが、非科学的で恣意的であ
> るということだ。顔を合わせてのミーティング、電話での会話、そ
> してメールの応酬を通してわかったのは、原著論文以外のどの記事
> を「引用可能」とみなすかについて、トムソン・サイエンティフィッ
> ク社は明白な基準をもっていないということだった。現在、科学
> は、それ自体が非科学的で主観的で秘密主義的なプロセスによって
> 評価されているということになる。[中略]トムソン・サイエンティ
> フィック社と話し合う中で、*PLoS Medicine* のインパクト・ファク
> ターは、同じ年に掲載された同じ記事をもとにしていながら、高値
> の 11 (原著論文だけが分母に入れられた場合) と最低値の 3 (ほと
> んどすべての記事が分母に入れられた場合[中略]) を行ったり来た
> りした。

　また、間違いもかなり多いようである (Joseph, 2003)。例えば、1989 年
と 1991 年に JAMA (The Journal of the American Medical Association)
に掲載された研究論文 (引用可能記事) の数は、手で数えればそれぞれ 376
と 397 である。しかし、JCR では、これらが 627 と 656 と報告されてい
る。そして、それにともなって、インパクト・ファクターも本来 8.6 である
べきところが 5.2 となっている。ニュース記事を引用可能記事と判断したと
いう間違いも、他の医学雑誌から報告されている。
　さらには、インパクト・ファクターの値は、研究論文は研究論文でも、
通常の長さのものを少数掲載するか、それとも短報をたくさん掲載するか

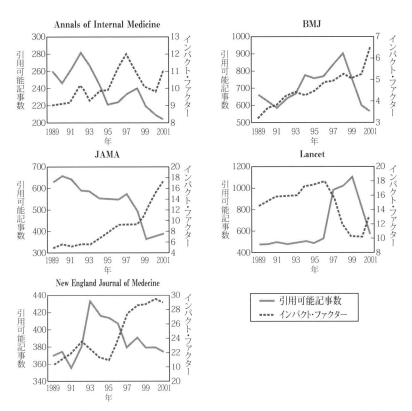

図 2.14 医学雑誌 5 誌における 1989 年から 2001 年にかけての引用可能論文数とインパクト・ファクターの推移。左の縦軸の目盛りは引用可能論文数を、右の縦軸の目盛りはインパクト・ファクター値を表す。JAMA = *The Journal of the American Medical Association*, BMJ = *British Medical Journal.* (Joseph, 2003 の図を転載)

といった雑誌の編集方針が変わっただけで、変わってしまうこともあるようだ。

　例えば、図 2.14 は、1989 年から 2001 年に医学雑誌 5 誌 (一般医学と内科) に掲載された「引用可能記事」の数とインパクト・ファクターとの関係を示したものだ (Joseph, 2003)。引用可能記事数 (分母) が下がればインパクト・ファクターが上がり、引用可能記事数 (分母) が上がればインパクト・

ファクターが下がるという、単純な関係が見てとれる。つまり、雑誌に掲載される論文の質に変化がなくても、分母に入れられる論文の数が変わるだけで、インパクト・ファクターは簡単に変動してしまうのである。

　ここまでのデータから、みなさんはどんな結論を導き出すだろうか。私個人としては、*PLoS Medicine* の編集委員たちの「現在、科学は、それ自体が非科学的で主観的で秘密主義的なプロセスによって評価されている」という意見に賛成である。どんなプロセスかはっきりわからないプロセスを経て算出されたインパクト・ファクターという数字に、本来証拠にもとづいて物事を判断するとされている科学者の集団が振り回されている。これが現実である。正直なさけない。

2-7

引用行動から見た論文の被引用回数と
論文の質との関係

　雑誌のインパクト・ファクターや個々の論文の被引用回数を、論文や研究者の評価に使うという行動の根底にあるのは、引用される論文は引用されない論文より質が高い、科学的価値が高いという前提である (Opthof, 1997)。そして、この前提の前提となっているのが、研究者は自分の研究テーマに関する論文をほぼすべて読み、それらを客観的かつ公平に評価し、科学的に質が高いと判断した論文を引用し、そうでない論文は引用しない、という考えである。

　しかし、この考えに妥当性があるかどうかは、はなはだ疑わしい。第一に、研究テーマによっては、それに関する論文をすべて読むのは、現実問題としてほとんど不可能である。例えば、研究者の多い流行りの研究テーマの場合、多くの科学者が次々と論文を発表する。時間的制約のある中で研究の最先端の情報をつねに保持したいと思えば、読む論文を何らかの方法で選択しなければならない。第二に、科学は、研究者が互いの研究結果を共有し、間違いがあれば正し合うことで進歩していく。当然のことながら、間違いを含んでいると評価された論文も引用する。そして、第三に、ある研究テーマ

に関する数ある論文の中からどれを引用するかには、学術面からの必要性とは関係のない社会的要因や利便性も大きく影響している。そして、これには、読まなくても済む論文を引用するということまで含まれる。

2-7-1
論文を引用する理由

少々まわり道になるが、研究者がどんなふうに参考文献を使っているのかを、科学論文のフォーマットに沿って見ていこう。

第1章で述べたように (図 1.2 (p.6))、論文の冒頭には、論文のタイトル、著者名、著者の所属先がくる。その次にくるのが内容を短くまとめた要旨だが、原則として、要旨では参考文献は載せない決まりになっている (Day & Gastel, 2011)。

要旨につづくのが論文の主要部分の Introduction (序論)、Materials & Methods (材料と方法)、Results (結果)、and Discussion (考察) だ。そして、この中で最も頻繁に論文が引用されるのが、序論と考察である。画期的な手法などが開発された場合には、その手法の論文が「材料と方法」で引用される。しかし、何といっても引用する論文の数が多くなるのは、序論と考察である。

序論では、研究をスタートした時点で、その研究テーマについて、何が知られていて何が知られていなかったのか、どんな問題が解決されていなかったのかなど、それまでの研究をまとめる。そして、「このような背景があるので、ここで報告する研究では未解決のこれこれの問題をこれこれの方法で調べました」といった具合に、研究目的の紹介へとつなげていく。つまり、序論で論文を引用する目的は、読者が自身で過去の論文を読まなくても、研究の目的や意義、内容を正しく理解し評価できるように、十分な情報を提供することだ。

考察では、結果はどう解釈できるのか、結果から何が結論できるのかを述べる。過去の研究結果があれば、それとどのような点で一致し、どのような点で一致しないのか。その理由として、どんなことが考えられるか、などを論じる。つまり、考察で論文を引用するのは、それまでになされた研究と照

表 **2.6**　論文を引用する動機。(Bornmann & Daniel, 2008; Krell, 2010; Werner, 2015 を参考に作成)

学術面	研究の科学的背景に関する情報が載っている 研究の土台となる理論が載っている 使用した手法に関する情報が載っている 引用論文は、自身の研究結果を支持する 引用論文は、自身の研究結果と相反する
社会面	自分の論文を宣伝する(自己引用) つながりのある研究者の論文を宣伝する(引用するから、引用してね) 引用することで、研究者間のつながりを維持する 引用することで、新しい研究者とのつながりを作る 査読者になるであろう研究者の論文である(査読者の心をくすぐる) 研究テーマに関心をもつ研究者が多数いるような印象を与える(編集員の興味を喚起する)
利便性	母国語や英語など理解できる言語で書かれている たまたま簡単に手に入りやすい学術誌や本に載っている 手に入りにくい論文の代わりになる(レビュー論文の場合) 引用文献の数を減らし雑誌の文字数制限をクリアできる(レビュー論文の場合) 広く尊敬されている有名な著者の論文である 一流とみなされている学術誌に載った論文である 他の人によく引用される論文である あまりに頻繁に引用される論文なので、読まなくても大丈夫そうである

らし合わせながら、得られた結果を解釈し、過去の研究結果を補強したり、発展させたり、あるいは、その間違いを訂正するためだ。同じ研究テーマをもつ研究者が論文を通して互いの研究結果を共有し議論することで、そのテーマの研究が進んでいく。当然のことながら、方法や結果あるいは解釈に疑問がわくような論文も引用する。

　さて、このように、純粋に学術的側面から考えれば、引用する論文は、その研究の目的や意義を読者が理解するのに適した論文はどれか、そのテーマの研究を論じるに当たって、良い意味でも悪い意味でも抜かしてはならない重要な論文はどれか、といったことを基準に選ばれるべきである。そして、研究者たちは基本的には、そのような基準で引用論文を選んでいると思いたい。

　しかし、科学者も人間である。そして人間は社会的動物である。科学者の社会で生き残るためには、正直あまり自慢できるとはいえない動機から論文を引用する (表 2.6「社会面・利便性」; Bornmann & Daniel, 2008; Krell, 2010; Werner 2015)。

　例えば、自分の研究についていちばん良く知っているのは自分だから、当

然自分の論文は引用する。宣伝にもなる。友人や知り合いと引用し合えば、お互いの論文の宣伝もできるし絆も強まり、一石二鳥である。査読者になりそうな研究者の論文は引用しておかないと (それも相手に好印象を与えるような仕方で引用しておかないと) 危険である。マイナーな研究テーマの場合、それらしい論文を引用して、いかにもそれが多くの研究者が興味を示しているホットなテーマであるかのような印象を編集委員に与えるのも重要である。

　単に便利だから、楽だから、という動機もある。その論文が本当に重要で他の論文では代えのきかない論文ででもない限り、基本的に、読むのは、自分の理解できる言語で書かれた論文である。言語以外でも、代わりがきくなら、手に入りやすい雑誌に載っている論文を使うほうが楽である。研究テーマに関する論文をたくさん読む余裕がないなら、有名な学者の論文や一流誌に載った論文、みんなが引用する論文だけを読んでおけば、安全である。おそらく良い論文だろうし、みんなが多くの場合に読んでいるのもこれらの論文なので、勉強不足とも思われない。あまりに有名でそこら中の論文に引用されている論文や、その内容が教科書にも載っているような論文なら、読まないで引用しても大丈夫そうである。

　科学者は、純粋に学術的メリットだけを考えて、引用文献を選んでいるわけではなく、その他のさまざまな理由から論文を引用する。このような雑多な引用理由があることからしても、被引用回数の多い論文＝質の高い論文、被引用回数の多い論文 ＝ 科学的価値の高い論文という考えを鵜呑みにするのは危険である。

2-7-2 　　　　引用文献は読まれているのか？

　すべての科学者が聖人君子だなどとは露ほども考えていない私も、さすがに「えっ、ウソでしょ。そこまで怠慢」と驚いてしまったのだが、どうも、かなりの数の研究者が、自分の引用した論文を読んでいないようである。

　論文の中で、ある特定の研究について言及する場合には、レビュー論文や他の人の書いた論文ではなく、その研究を行った研究者自身が書いた論文

(原著) を引用するのが基本である。これが研究倫理上正しいとされる行為であり、科学者としての他の科学者に対する礼儀でもある。なぜなら、引用した人が、原著者が伝えようとしたメッセージを正確に理解し正確に伝えているとは限らないからだ。自分の研究結果や主張に合うように半ば意図的に歪曲する場合もあるだろうし、悪気はなくても理解力が及ばず、間違って解釈してしまう場合もある。いずれにせよ、引用された時点で、元々のメッセージは引用者というフィルターを通したものになる。したがって、原著者の研究に敬意を払い、原著者の意図をできる限り正確に伝えるためには、原著をきちんと読むしか方法はない。そして、原著がどうしても手に入らず、レビュー論文など他の論文に書かれた情報を使った場合、つまり、いわゆる孫引きをした場合には、そのことを明記しなければならない。例えば、スミスの 2008 年の論文に載っていた麻生の 2005 年の論文に関する記述であれば、(Asoh, 2005 in Smith, 2008) と記載すべきであって、(Asoh, 2005) と記載してはいけないのである。(Asoh, 2005) と書いていいのは、この原著論文を実際に読んだときだけである。

　しかし、どうも、この原著にさかのぼって読むという基本を守っていない研究者が数多くいるようである。そして、犯罪行為が何らかの痕跡を残すように、孫引き行為もその痕跡を残す。原著を読んでいないことの痕跡は、引用文献リスト、そして引用内容に残されている。いくつか研究を紹介しよう。

　1 つめは、引用文献リストの誤植に見られるパターンを調べた研究である (Simkin & Roychowdhury, 2003; Ball, 2002)。1973 年に発表された非常に影響力のある物性物理学分野の論文を取り上げ、その論文を引用した 4300 本の論文の引用文献欄をチェックし、この論文が正確に記載されているか否か、誤植があった場合にはどのような誤植かを記録した。この論文を、雑誌名は省略形を使って正しく書くと、以下のようになる。

　　Kosterlitz, J M & Thouless D J. (1973) Ordering, metastability
　　and phase transitions in two-dimensional systems. *J. of Phys.*

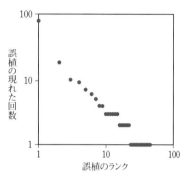

図 2.15　物性物理学論文の引用で見られた 45 種類の誤植とその出現回数との
関係。観察された 45 種類の誤植をその出現回数の多い順に 1 番から 45 番にラ
ンク付けし (横軸：誤植のランク)、そのそれぞれに対し、それが現れた回数を
縦軸に示した。(Simkin & Roychowdhury 2003, 図 1 を転載)

C: Solid State Phys., 6:1181-1203. (136 文字)

　結果はというと、誤植は 196 か所で見つかったが、互いに異なる誤植は
45 種類しかなかった。つまり、かなりの数の誤植が 2 本以上の論文に共通
してみられ、一番よく見られた誤植 (ページ数の間違い) に至ってはなんと
78 本の論文に登場していた (図 2.15)。

　スペリングを間違えやすい単語もあるし、「よくあるスペリングミス」と
いう言葉があるように、間違えるにしても間違え方はランダムではない。し
たがって、アルファベット部分の誤植の場合、全く同じ間違いが論文数本で
見られるくらいまでなら、たまたま同じ間違いが重なったと解釈できなくは
ない。数字にしても、キイボード上で隣り合っている数字への同一の打ち間
違いが、論文数本で見られるくらいまでなら、たまたまと考えられなくもな
い。しかし、全く同一の間違いが 10 本、20 本、ましてや 78 本の論文で見
られたとなると、これはもう、何も考えず機械的にコピペをしたとしか解釈
のしようがない。そして、コピペされたような引用文献は、おそらく読まれ
ていない。引用文献欄はコピペしていても読んでいる可能性もある、という
反論が聞こえてきそうではある。しかし、そのような場合、つまり、原著を
手に入れて読んだ場合には、おそらく誤植に気づき訂正するのではないだろ

うか。

　次に紹介するのは、公衆衛生学と解剖学分野の論文の例である。公衆衛生学 3 誌 (Eichorn & Yankauer, 1987) と解剖学 3 誌 (Lukić 他, 2004) それぞれから、ランダムに 50 から 70 余りの引用文献を選び、それらが文献欄に正確に記載されているかどうか、つまり、誤植がないかどうかを調べた。2 つの研究で誤植の種類の定義が多少異なるが、大きな誤植は、引用された論文がすぐに見つからないような誤植、その他の誤植は、そこまではひどくない小さめの誤植、と考えてよいだろう。

　誤植のあった引用文献は 30% 前後 (表 2.7) である。元論文が見つけられないような大きな誤植も、ほとんどの雑誌で 10% ほど見つかっている。そして、この後者の結果は、2-6-2 節の表 2.4 の不一致記事 (元論文が特定できない記事) の割合とも、ほぼ一致している。

　この結果をどう解釈するかは、難しいところである。しかし、大小の誤植を合わせて 30%、元論文が特定できないような大きな誤植が 10%、という数字は単なるタイピング・ミスにしては、高過ぎはしないだろうか。実際に論文を読み、その論文を脇においてタイプをしていたら、あるいは少なくとも文献検索サイトで検索をするということをしていたら、ここまで高い数字にはならないのではないだろうか。なぜ、ここまで高い数字になってしまっているのか、本当のところはわからない。しかし、物質物理学の例で見たような引用文献のコピペは、そのメカニズムの 1 つだろう。

　今見た 2 つの研究の 1 つである公衆衛生学雑誌の研究では、引用内容に誤りがないか否か、つまり引用された文献の内容が、それを引用した論文に記述された内容と合っているか否かも調べている (Eichorn & Yankauer, 1987)。

　誤った引用を、大きな誤引用と小さな誤引用に分け、大きな誤引用を、引用された論文の内容が、論文中の記述内容と相反したり、それを支持しなかったり、あるいはそれと全く関係がなかったりする場合、と定義している。小さな誤引用は、論文中の記述内容は、引用された論文の内容と大きく異なりはしないが、後者を過度に単純化したり、後者があえて述べることを

表 2.7　公衆衛生学 3 誌と解剖学 3 誌の引用文献の記載に見られた誤植の数とパーセント割合。A の研究では、1 つの文献の引用に 2 つ以上の誤植が見つかった場合には、一番重大な誤植だけを数えている。B では、1 つの文献の引用に 2 つ以上の誤植が見つかった場合は、それぞれの誤植を別々に数えている。したがって、誤植数合計は誤植のあった文献数より多くなっている。誤植の種類の定義については、表下の注を参照のこと。

A. 公衆衛生学 (Eichorn & Yankauer 1987)

雑誌名	調　査 文献数	誤引用されていた 文献数(%)	誤引用の種類	
			大	小
American Journal of Epidemiology	50	14 (28)	11	3
American Journal of Public Health	50	14 (28)	13	1
Medical Care	50	18 (36)	17	1
合計	150	46 (31)	41	5

B. 解剖学　(Lukić 他　2004)

雑誌名	調　査 文献数	誤引用されていた 文献数(%)	誤引用の種類			誤植数 合　計
			大	中	小	
Annals of Anatomy	74	9 (12)	2	3	5	10
Clinical Anatomy	61	20 (33)	12	5	6	23
Surgical and Radiologic Anatomy	64	25 (40)	13	9	16	38
合計	199	54 (27)	27	17	27	71

(注) 誤植の種類の定義は、以下の通り。

A. 公衆衛生学

　　大：引用された論文がすぐに見つからないような大きな誤植 (雑誌名の間違い、出版年や巻番号の欠如、正しいページ番号と重ならないページ番号など)。

　　小：引用された論文を見つけることを妨げないような小さな誤植。

B. 解剖学

　　大：以下の項目における誤植 (第一著者の名字とイニシャル、出版年、雑誌名、巻番号、最初のページ番号)

　　中：以下の項目における誤植 (最終ページ番号、タイトル中の重要語のスペリング)

　　小：以下の項目における誤植 (句読点、共著者詳細、タイトルの重要語以外のスペリング)

避けた結論を述べたものである場合、と定義されている。

　後者の小さな誤引用の場合、研究倫理的にはアウトだが、文献を引用した著者は、少なくともその文献を読んでいるとみなしていいだろう。しかし、前者の大きな誤引用となると、もう正直「研究者をやめてくれ！」と言いたくなってくる領域である。全く読んでいないか、きちんと読んでいないか、要旨だけ読んで適当に書いているか、他の人の書いた論文や本を読んで適当

表 **2.8**   公衆衛生学 3 誌に見られた誤引用の数とパーセント割合。

雑誌名	調　査 文献数	誤引用されていた 文献数(%)	誤引用の種類	
			大	小
American Journal of Epidemiology	50	12 (24)	5	7
American Journal of Public Health	50	11 (22)	2	9
Medical Care	50	22 (44)	15	7
合計	150	45 (30)	22	23

　大きな誤引用：引用された論文の内容は、論文中の記述内容と相反する、それを
支持しない、あるいはそれと何の関係もないものである。
　小さな誤引用：論文中の記述内容は、引用された論文の内容と大きく異なりはし
ないが、後者を過度に単純化したり、後者があえて述べることを避けた結論を述
べたものである。1 つの文献が 2 カ所以上で引用され、かつ 2 カ所以上で誤引用
されていた場合には、より重篤な誤引用 (誤引用大) だけを数えている。

に書いているか (つまり、孫引き)、あるいは読んでいるつもりだが理解力が
及ばず理解できていないか、といった理由があげられる。どれも情けない理
由だが、「きちんと読んで理解する」ということをしていないことだけは、
共通している。そして、その割合はというと、雑誌によっても違うが、50 分
の 2 (4%)〜 50 分の 15 (30%) (表 2.8) である。最低でも 4%。25 人に 1 人
は読んでいない。ひどい場合は 30%。ほぼ 3 人に 1 人。研究費の多くが公
費から出ている、あなたの支払った税金から出ていることを考えるとどうだ
ろう。これは、ちょっと許せない数字ではないだろうか。

　最後に誤引用の頻度を、海洋生物学 (Todd 他, 2010) と生態学 (Todd 他,
2007) 分野で調べた研究を紹介しておこう。海洋生物学系雑誌 33 誌、生態
学系雑誌 51 誌から、サンプルをとっている。まず、各雑誌の最新の 2 巻そ
れぞれから、ランダムに 3 つの論文を選ぶ。そして、選んだ論文それぞれの
引用文献欄から、ランダムに 1 つの引用文献を選ぶ。そして、選んだ引用文
献の内容を、それを引用している論文の記述と照らし合わせ、正しく引用さ
れているかどうかを評価する。

　調べた引用文献は、海洋生物学では、$33 \times 2 \times 3 \times 1 = 198$。生態学分野で
は、$51 \times 2 \times 3 \times 1 = 306$。また、評価の基準は以下である。

- 明確な支持：引用された文献は、本文の記述を明確に支持する
- 不支持：引用された文献は、本文の記述を支持しない、あるいは、本文

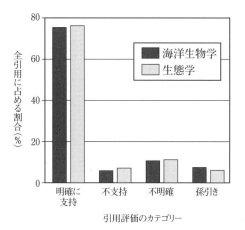

図 **2.16**　海洋生物学・生態学分野の論文は適切に引用されているのか。(Todd
他 2010, 図 1 を転載)

の記述と相反する

● 不明確：引用された文献が、本文の記述を支持するかどうかは不明確
である。解釈によっては支持するととれなくもないが、別の解釈も可能で
ある。

● 孫引き：引用された文献は、単に、本文の記述を支持すると述べた別の
論文を引用したものである

　そして、結果は図 2.16 に示したものだ。不支持と孫引きを足すと、海洋
生物学では 13.6%、生態学では 12.8% である。ここでも、10% 以上の研究
者が原著論文をきちんと読んでいない。

2-7-3
科学におけるマタイ効果とインパクト・ファクター

　すべてもつものは与えられてあり余り、もたぬものはもつもの
　も取られよう。(新約聖書マタイ福音書第 25 章 タラントの譬え
　29 節)

　2-7-1 節でふれた「有名な学者の論文だから」、「一流誌に載った論文だから」という引用理由は、科学におけるマタイ効果という現象と関係している。

　マタイ効果は、アメリカの社会学者ロバート・キング・マートンが、科学界における報奨システム (新しいアイデアや発見に対するご褒美を誰に与えるか) でよく観察される現象を、新約聖書のタラントの譬え中の一節を引用しながら名付けたものだ (Merton, 1968; Perc, 2014)。

　聖書におけるタラントの譬えの教えは、おそらく、「それがどんなものであれ、神から自らに与えられたものに感謝し、それを役立てなさい。そうすれば、神はより多くを与えるだろう」「自らのもつものに感謝し、それを生かしなさい。そうすれば、人生はもっと満ち足りたものになるだろう」という意味合いのものだろう。しかし、科学におけるマタイ効果は、上記マタイ 25 章 29 節をとことん額面通りにとったもので、「もつものはさらに多くをもつようになり、あまりもたないものはそれさえも奪われる」というシビアな現実を表している。

　「科学者は、実験や観察の結果にもとづいて、客観的に結論を導く人々である」と私たちは教えられ、信じ込んでいる。しかし、おそらく、これは幻想である。全く同じことでも、有名な学者が言うのと、まだ名の知れていない学者が言うのでは、周りの科学者の受け取り方は異なるのが現実であり、それこそが、マートンがマタイ効果と名付けたものだ。以下、マートンの論文からの引用である (Merton, 1968, 58 ページ; 訳は筆者による)。

　　　ほぼ同じアイデアや発見が、非常に著名な学者とまだあまり名の
　　　知られていない学者によって別々に報告された場合、そのアイデア
　　　や発見の功労者として私たちに教えられるのは、通常、著名な学者
　　　の名前である。

　マタイ効果の本質は、ある特定の科学的功績に対して、著名な学者が過大に評価され、まだ無名な学者が正当に評価されないことにある。

　これを、論文の引用という面からみれば、ほぼ同じ内容の論文であって

も、すでに有名になった学者の論文であれば、読まれ引用され、実績がまだ
少なく認知度の低い学者の論文はなかなか読まれず引用もされない、という
ことである。

　そして、インパクト・ファクターによって学術誌が格付けされるように
なった今日では、雑誌の著名度も、マタイ効果を発揮するようになった。同
じ内容の論文でも、高インパクト・ファクター誌に載れば頻繁に引用され、
低インパクト・ファクター誌に載ればあまり引用されない。つまり、高イン
パクト・ファクター誌に載った論文の被引用回数は、論文の中身だけで判断
されたものではなく、マタイ効果によって膨らまされたものになっているの
だ。このことを実際に確かめた研究を2つほど紹介しておこう。

　インパクト・ファクター が論文の被引用回数にマタイ効果を与えている
かどうかを知りたければ、全く同じ、あるいはほとんど同じ論文をインパク
ト・ファクターの異なる複数の学術誌に載せ、それぞれの雑誌で何回引用さ
れたかを比べてみればよい。マタイ効果がないならば、雑誌間で被引用回数
に違いはないはずである。逆に、マタイ効果が働いているならば、インパク
ト・ファクターの高い雑誌ほど被引用回数は多くなるはずである。

　とは言ったものの、通常、同一の研究結果を2つ以上の学術誌に論文とし
て投稿することは研究倫理違反なので、これを実行に移すのはむずかしい。
しかし、である。探せば、例はあるものだ。医学分野では、学会や政府の組
織した専門家委員会が、ある特定のテーマに関する最新の研究結果を精査し
て合意声明 (consensus statement) としてまとめ、それを複数の雑誌に同時
に掲載する、ということが行われる。また、複数の雑誌への投稿は倫理違反
だといっても、違反をする輩は必ずいる。そして、異なる雑誌に載った主著
者名もタイトルも同じ重複論文は実在する。

　さて、1つめの研究は、インパクト・ファクターの異なる複数の医学系雑
誌 に掲載された4つの合意声明が、その後どのくらい引用されたかを調べ
たものだ (Perneger, 2010)。声明の詳細はここでは重要ではないので、4つ
の合意声明を A, B, C, D としておこう。声明 A は3誌に、B は8誌に、C
は14誌に、そして D は8紙に掲載された。そして、図 2.17 (次ページ) に

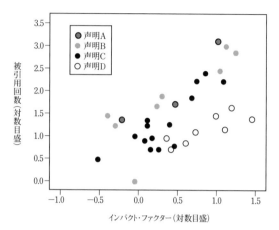

図 2.17　合意声明の掲載された雑誌のインパクト・ファクターと声明の被引用回数との関係。4 つの異なるシンボルは、4 つの異なる合意声明を示す。声明 A (濃い灰色の丸)、B (灰色の丸)、C (●)、D (○)。(Perneger 2010 の図 1 を転載)

示したのがその結果である。4 つの合意声明すべてで、インパクト・ファクターと被引用回数との間に正の相関がみられた。つまり、同じ声明でも、インパクト・ファクターの高い雑誌に載った場合ほど、被引用回数が多くなっていたのである。

　2 つめは、研究倫理違反を犯した、けしからぬ人々のおかげで可能となった研究である (Larivière & Gingras, 2010)。この研究では、文献検索索引を駆使して、主著者名もタイトルも同じ、ついでに参考文献欄の引用文献の数も同じという 4,532 対の重複論文ペアを探し出した (3 つの条件すべてを満たしつつ、かつ、それぞれが独立した研究であるという可能性もなくはないが、その可能性はそう高くはないだろう)。そして、それらが掲載されていた雑誌のインパクト・ファクターにもとづいて、重複論文 の片方を高インパクト・ファクター群 (高 IF 群) に、もう一方を低インパクト・ファクター群 (低 IF 群) へと振り分けた。そして、論文が引用された回数を、高 IF 群と低 IF 群の間で比較した。その結果が、表 2.9 である。

　掲載誌のインパクト・ファクターの中央値が報告されていなかったのが残

表 **2.9** 掲載誌インパクト・ファクターが重複論文の被引用回数に与える影響。IF＝インパクト・ファクター。(Larivière & Gingras, 2010, Table1 を一部改変して転載)

	高IF群	低IF群
掲載誌IF　平均	1.11	0.47
被引用回数　平均	11.90	6.33
被引用回数　中央値	2.74	1.60
引用されなかった論文の比率	30.5%	41.1%
調査論文数	4532	4532

念だが、インパクト・ファクターの平均は、高 IF 群では 1.11、低 IF 群では 0.47 で、前者は後者の 2 倍強である。そして、論文の被引用回数はというと、高 IF 群では 11.9、低 IF 群では 6.33 と、前者は後者の 2 倍弱となっている。ほぼ同じ内容と考えられる論文の被引用回数は、それが掲載された雑誌のインパクト・ファクターが倍になれば、ほぼそれに比例して 2 倍近くになっていたのである。

　このように、高インパクト・ファクター誌に載った論文の被引用回数は、論文の中身だけで判断されたものではなく、マタイ効果によって水増しされたものになっている。そして、同じことは雑誌全体についてもいえるだろう。雑誌のインパクト・ファクターがいったんある程度まで高くなったら、インパクト・ファクターが高い雑誌だからという理由で人々がその雑誌に載っている論文を引用するので、その雑誌のインパクト・ファクターはさらに高くなっていく。もてるものが、さらにもつようになる、というマタイ効果そのものである。

《コラム 2.1》マタイ効果と *Nature* 姉妹誌の増殖

　マタイ効果を最大限に活用してビジネスを拡大してきたと思われるのが、*Nature* を出版しているネイチャー出版グループ (Nature Publishing Group; 現在は Springer Nature の一部門) である。

　プロローグでも述べたように、他の雑誌に比べてインパクト・ファクターがずば抜けて高く、超一流誌とみなされているのが、*Nature*、

Science、*Cell* の 3 誌である。このうち *Science* は、アメリカ科学振興協会 (The American Association for the Advancement of Science) という非営利の学術団体が出版元である。それに対して、*Nature* と *Cell* を出版しているのは、民間の出版会社、つまり営利企業である。

　Cell を出版しているセル・プレス (Cell Press) が同じことをしているか否かは定かではないが、ネイチャー出版グループに関する限り、雑誌 *Nature* のマタイ効果 をフルに活用して、次々と新しい学術誌を発刊してきている。

　成功の鍵は、魔法の一語 *Nature* である。Nature という一語を新しい雑誌名の冒頭につけて「Nature なんたら」にすればいい。レビュー誌であれば、「Nature Reviews なんたら」である (表 2.10)。そうするだけで、高インパクト・ファクター症候群、ネイチャー症候群を患っている科学者は、そこに論文を投稿し、そこに載っている論文を引用する。つまり、雑誌 *Nature* のマタイ効果によって、新雑誌のインパクト・ファクターは最初からそこそこ高いものになる。後は放っておいても、これもマタイ効果によって科学者たちは投稿と引用を続けてくれるので、インパクト・ファクターは保たれる。つまり、「Nature なんたら」、「Nature Reviews なんたら」雑誌は、雑誌 *Nature* の七光で、最初から高いインパクト・ファクターを約束されているわけだ。

　そして、出版社としてはこれを利用しないという手はない。高いインパクト・ファクターがマタイ効果によって約束された雑誌をどんどん出す。これらの雑誌の論文の平均被引用回数は高くなるので、大学や研究機関の図書館はその雑誌を購読せざるを得なくなる。新雑誌を出せば出すほど、もうかるわけだ。購読料も毎年どんどんつり上げてきているようである。

　「Nature なんたら」や「Nature Reviews なんたら」の数が増えすぎて、その価値がそろそろ下がってきてもよさそうなものだが、今のところその兆しは見られない。1992 年に最初の姉妹誌 *Nature Genetics* (ネイチャー遺伝学) が発刊されて以来、姉妹誌の数は増えつづけ、今も

表 **2.10** *Nature* 姉妹誌の雑誌名 (2019 年発刊予定のものも含む)。一般誌名はすべて Nature で始まり、レビュー誌名はすべて Nature Reviews で始まっている。

	一般誌	レビュー誌
1	Nature Astronomy	Nature Reviews Cancer
2	Nature Biomedical Engineering	Nature Reviews Cardiology
3	Nature Biotechnology	Nature Reviews Chemistry
4	Nature Catalysis	Nature Reviews Clinical Oncology
5	Nature Cell Biology	Nature Reviews Disease Primers
6	Nature Chemical Biology	Nature Reviews Drug Discovery
7	Nature Chemistry	Nature Reviews Endocrinology
8	Nature Climate Change	Nature Reviews Gastroenterology & Hepatology
9	Nature Communications	Nature Reviews Genetics
10	Nature Ecology & Evolution	Nature Reviews Immunology
11	Nature Electronics	Nature Reviews Materials
12	Nature Energy	Nature Reviews Microbiology
13	Nature Genetics	Nature Reviews Molecular Cell Biology
14	Nature Geoscience	Nature Reviews Nephrology
15	Nature Human Behaviour	Nature Reviews Neurology
16	Nature Immunology	Nature Reviews Neuroscience
17	Nature Materials	Nature Reviews Rheumatology
18	Nature Machine Intelligence	Nature Reviews Physics
19	Nature Medicine	Nature Reviews Urology
20	Nature Metabolism	
21	Nature Methods	
22	Nature Microbiology	
23	Nature Nanotechnology	
24	Nature Neuroscience	
25	Nature Photonics	
26	Nature Physics	
27	Nature Plants	
28	Nature Protocols	
29	Nature Structural And Molecular Biology	
30	Nature Sustainability	

Natureresearch Catalog 2017 および Nature journals and Scientific American archives at a glance (https://media.springernature.com/full/springer-cms/rest/v1/content/12127942/data/v4, 2018 年 7 月 17 日ダウンロード) のデータにもとづき作成。

指数関数的に増えている最中である (図 2.18 (次ページ))。

　ちなみに、元祖ネイチャーが発刊された 1869 年から 1991 年までの 120 年間あまり、ネイチャー誌は元祖 *Nature* の一誌だった。今は、2019 年発刊予定のものも入れると合計 50 誌である。

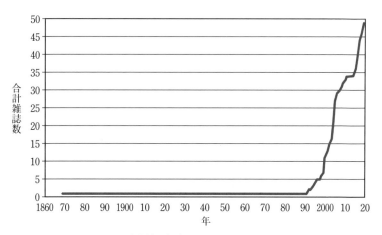

図 **2.18**　*Nature* グループ誌数の推移。Natureresearch Catalog 2017 および
Nature journals and Scientific American archives at a glance
(`https://media.springernature.com/full/springer-cms/rest/v1/`
`content/12127942/data/v4`, 2018 年 7 月 17 日ダウンロード) のデータにも
とづき作成。

2-7-4　引用されていない論文の影響

　さて、被引用回数の多い論文 = 質の高い論文、被引用回数の多い論文 =
科学的価値の高い論文という考えの裏側にあるのが、引用されていない論文
は誰にも読まれていない、何の役にも立っていない、という考えである。し
かし、この考えも正しいかというと、必ずしもそうではない。明示的に引
用はされていないが、読まれ、影響を与え、役に立っている論文はたくさん
ある。

　例えば、表 2.11 に示したのは、遺伝学の歴史についての論文 15 本 (Mac-
Roberts & MacRoberts, 1986) と植物学分野の論文 14 本 (MacRoberts &
MacRoberts, 1997) について、論文に記述された内容をカバーするのに最
低限必要な論文の数と、実際に引用されている論文の数を比較したものだ。
表を見ただけでは、すぐにはわからないかもしれないが、この表中の「必要
論文数」を調べるという作業は、そう簡単なものではない。論文一本一本を

表 **2.11**　最低限必要とされる論文数に占める引用論文の割合。表中の必要論文
数とは、本文に書かれている内容をカバーするのに最低限必要とされる論文の数
である。引用論文数は、実際に引用されていた論文の数である。

A. 遺伝学の歴史
（MacRoberts & MacRoberts 1986, Table 1のデータにもとづき作成）

論文番号	引用論文数	必要論文数	引用論文の割合
I	18	33	0.55
II	12	35	0.34
III	1	32	0.03
IV	0	56	0.00
V	23	58	0.40
VI	1	21	0.05
VII	8	69	0.12
VIII	6	24	0.25
IX	53	83	0.64
X	19	48	0.40
XI	17	62	0.27
XII	10	21	0.48
XIII	20	47	0.43
XIV	0	12	0.00
XV	28	118	0.24
合計	216	719	0.30

B. 植物学
（MacRoberts & MacRoberts 1997, Table 1のデータにもとづき作成）

論文番号	引用論文数	必要論文数	引用論文の割合
I	2	10	0.20
II	1	10	0.10
III	0	10	0.00
IV	7	16	0.44
V	24	30	0.80
VI	1	5	0.20
VII	3	30	0.10
VIII	7	35	0.20
IX	5	50	0.10
X	9	21	0.43
XI	68	85	0.80
XII	28	70	0.40
XIII	73	300	0.24
XIV	35	245	0.14
合計	263	917	0.29

丁寧に読み、この部分の記述は研究者 A の何年の論文○○○の影響を受け
ている、この部分の記述は研究者 B の何年の論文△△△の影響を受けてい
ると判定していくわけで、もともとの知識量もさることながら、情報を集め
る能力や忍耐力も必要とする。「一体どのくらいの時間がかかったのだろう、

やった人はすごいなあ」と、読んでいてちょっと嬉しくなる論文である。

　結果はと言うと、論文によって大きくばらつきはあるが、両分野とも、引用文献は、記述されていた内容の 3 割ほどしかカバーしていない。つまり、論文に影響を与えたと考えられる先行論文の 7 割は引用されていないのだ。

　では、なぜ、研究に影響を与えた論文の一部しか引用されないのだろうか。

(A) 共通知識となった論文は引用されない

　まず考えられるのが、どんな偉大な発見でも時を経れば引用されなくなる (Merton, 1965, 1968 in Hicks & Potter, 1991)、という現象だ。新しい発見やアイデアが報告されたばかりの時は、それに関係する研究論文は、こぞってその報告を参考文献として引用する。しかし、数々の再現実験や応用実験を経て、その発見やアイデアが、誰もが認める共通の科学知識として落ち着くと、もう、そもそもの源にまでさかのぼって引用するということはしなくなる。

　例えば、動物のある行動を自然選択による進化という観点から説明する時、ダーウィンの種の起源 (1859 年) にまでさかのぼって引用する人は、まずいないだろう。ダーウィンでは古すぎるというのなら、ワトソンとクリックの DNA 2 重らせんの論文 (1953 年) はどうだろう。DNA の構造、あるいは DNA の複製に関する記述をする時、どれだけの研究者が 1953 年の論文を引用するだろうか。科学史のレビュー論文ではまあ引用するかもしれない。しかし、一般的な研究論文では、もう、そこまでさかのぼりはしないだろう。

(B) 紙面には限りがある

　もっと、現実的な、紙面には限りがあるという理由もある。私たちは日々いろんなものを見たり、聞いたり、読んだりして、そのそれぞれから何らかの影響を受けている。研究者も同じで、日々、読んだ論文や本、他の研究者の発表、そして友人や他の研究者とのたわいのないおしゃべりから、影響を受けている。たわいのないおしゃべりの最中に聞いた一言が、後々すごい発

見につながることだってある。しかし、研究につながったそれらの影響の
すべてを、引用文献なり、謝辞なりに記載できるかと言うとそうではない。
論文本文と参考文献欄の長さのバランスもあれば、論文全体のページ数の
制約もあり、すべては載せられないのである (MacRoberts & MacRoberts,
1988)。

(C) 頻繁に利用されているのに引用されない基礎データ論文

　すべての生物学分野を一番下で支え、なくてならないにも関わらず、そし
て、実際にその情報は多くの人に利用されているにも関わらず、ほとんど引
用されないのが、生物種の基本データに関する論文である。

　具体的には、それぞれの生物種がどんな形態をしていて、どんな生息環境
を好み、食性はどうで、地理的にはどこに分布しているのか等の情報が載っ
ている論文である。これらの情報は、ぼう大な数の研究者そして自然愛好家
によって集められ、図鑑やデータベースにまとめられている。そして、載っ
ている情報は、非常に多くの人に利用されている。しかし、その元となった
論文や記事が、クラリベイト・アナリティクス社がカバーするような学術雑
誌の論文に引用されることは、ほとんどない。さらに言えば、その情報が
載っている図鑑やデータベースさえも、論文の「材料と方法」部分や別表
に記載されることはあっても、引用文献として記載されることは稀である
(MacRoberts & MacRoberts, 2010)。

　例えば、表 2.12 (次ページ) に示したのは、クラリベイト・アナリティク
ス社 (論文が書かれた時点ではトムソン・ロイター社) がカバーしている雑
誌 (CA 誌) に載った生物地理学分野の理論や解析中心の論文 10 本と、それ
ら 10 本の論文が引用していたデータ論文を取り上げ、それぞれの種類の論
文がどんな種類の文献を引用しているかを比べたものだ。

　理論や解析中心の論文が主に引用していたのは、それと似たような論文、
つまり、CA 誌に載った理論・解析中心の論文と書籍で、CA 誌以外の雑誌
に載った論文からの引用は少ない。しかし、これらの理論・解析中心論文が
引用していたデータ論文の中身をみると、それが引用していたのは、クラリ

表 **2.12**　生物地理学分野の理論・解析論文とデータ論文に見られる引用文献の種類の違い。

論文の種類	引用文献の種類					
	CA誌以外の論文	CA誌論文	書籍または書籍内の章	報告書	修士・博士論文	ウエッブ・CD-ROM
理論・解析論文	42	314	159	7	0	8
データ論文	239	95	63	65	50	18

CA 誌：インパクト・ファクターを発表しているクラリベイト・アナリティクス社 (Clarivate Analytics) のデータベースに含まれている学術誌；
報告書：論文として学術誌には発表されていない研究報告；
ウェブ・CD-ROM：ウェブ・CD-ROM のデータ (MacRoberts & MacRoberts 2010, Table 1 のデータにもとづき作成)。

ベイト・アナリティクス社が目もくれない文献の数々 ── CA 誌以外の雑誌に載った論文、報告書、修士・博士論文やウェブのデータベースなど ── である。つまり、CA 誌に載らない多くの文献が、CA 誌に載っている論文の基礎を築いている。CA 誌に載らない多くの文献のデータなしでは、CA 誌に載っている論文は存在し得ないのである。

　読まれてもいないのに引用される論文もある一方で、読まれ、利用されているのに引用されない論文もある。単に引用文献欄に載っているだけでは、その論文が科学的価値の高い、影響力のある論文かどうかはわからない。同様に、単に引用文献欄に載っていないだけでは、その論文が価値のない、何の役にも立っていないものかどうかはわからない (MacRoberts & MacRoberts, 1986)。やはり、論文の真の価値を知りたければ、自分で読んで判断するしかないのである。

《コラム 2.2》インパクト・ファクターと記述的分類学

　生物の体のさまざまな特徴を計測し、記述し、分類する、記述的分類学は、既にかなり危機的な状況にあるのではないかと懸念している。記述的分類学では分類群毎に専門家かいるのが普通である。哺乳類の専門家もいれば、鳥類の専門家、爬虫類、両生類、魚類の専門家もいる。魚類の専門家のなかでも、ヒラメの仲間の分類を専門としている人もいれば、スズメダイの分類を専門としている人もいる。

　新種を記述したり、分類を見直したりしているわけだが、その論文を引用するのは、分類学上の大きな見直しのない限り、同じくヒラメの仲間や、スズメダイの仲間の分類をしている研究者くらいである。生物種を同定し記述するという生物学の基礎を支える、欠くことのできない重要分野だが、その論文が他の論文の参考文献として載ることは稀である (Werner, 2006; Venu & Sanjappa, 2011)。その結果、多くの分類学雑誌は、先のクラリベイト・アナリティクス社の文献検索データベースに入らない。入っていてもそのインパクト・ファクターは非常に低いのが普通である (Shashank & Meshram, 2014)。

　このままインパクト・ファクター偏重の流れが続けば、記述的分類学者を志す若者はどんどんと減っていき、近い将来、記述的分類学は、よりインパクト・ファクターの高い分子系統学 (遺伝子解析により生物の進化の系統を推測する学問) に完全にとって代わられるのではないだろうか。

　その生息地や生態も含め、生物個体をきちんと観察する記述的分類学者が、プラス・アルファとして分子系統学的手法を学んだ場合には、従来の分類学と分子系統学を上手く結びつけ、素晴らしいものが生まれると思う。しかし、人から送られてきた組織片から DNA を抽出し解析はするが、元々の生物を見ることをしない分子系統学者だけになってしまったら、どうなるのだろう。

　哺乳類の系統分類学専門の学者のところに犬と猫を連れて行ったら、「うーん、区別がつきませんね。遺伝子を調べてみましょう」と言われたなどというブラック・ユーモアも、だんだんとユーモアではなくなりつつあるのかもしれない。

《コラム 2.3》羊と分子生物学者

　犬と猫の区別のつかない分子系統学者のことを書いていたら、ハワイ大学の動物学科にいたころ聞いたジョークを思い出した。動物行動学研究室の仲間は、とにかくこの手のジョークが大好きで、まあ、いろいろ

見つけてきては楽しんでいた。うろ覚えの部分もあるが、こんな感じである。(分子生物学者のみなさん、ごめんなさい)

　ある分子生物学者が、ニュージーランドで休暇を過ごすことにした。郊外をドライブしていると、羊の群れが点々と見える広々とした草地に出くわした。一目でその景色が気に入った分子生物学者は、路肩に車を停めた。

　いつまでもそこを動かない分子生物学者を不審に思った牧場主がやってきて、たずねた。

「何か、ご用ですか」

　分子生物学者は答える。

「なんて美しい羊たちなんだと思って眺めていたんです。何頭いるか当てたら、一頭いただけますか」

　オーナーは少し驚いたが、まあ、どうせ当たらないだろうと思って答えた。

「ああ、いいとも。当たったら好きなのを一頭もって行っていいよ」

　分子生物学者は目を少し細くして羊を数え、そして答えた。

「425 頭ですね」

「なんで、わかったんだい」とたずねるオーナー。

「仕事柄、小さなものを数えたり解析するのは得意なんです」と答える分子生物学者。

　がっかりするオーナーをしり目に、分子生物学者は一頭選び、いそいそと自分の車に運び始めた。その背中に向かって、オーナーが叫ぶ。

「もし、あんたの職業を当てたら、それを返してもらえるかい」

「もちろんですよ」と分子生物学者。

　牧場主は、相手を探るように見ながらこう言った。

「あんたは、きっと分子生物学者だね」

　今度びっくりしたのは分子生物学者の方である。

「えっ、その通りですが。どうしてわかったのですか」

牧場主は答えた。

「まずは、うちの犬を下ろしてくれ。話はそれからだ」

参考文献

Alberts B. (2013), Impact factor distortions. *Science* 340:787.

Amin M, and Mabe M. (2000), Impact factors: use and abuse. *Perspectives in Publishing*, No.1, October 2000.

Anonymous (2016), On impact. Nature editorials, *Nature* 535:466.

Bachhawat AK. (2002), The impact factor syndrome. *Current Science* 82(11):1307.

Ball P. (2002), Paper trail reveals references go unread by citing authors. *Nature* 420:594.

Bornmann L, and Daniel HD. (2008), What do citation counts measure? A review of studies on citing behavior. *Journal of Documentation* 64(1):45-80.

Callaway E. (2016), Publishing elite turns against impact factor. *Nature* 535:210-211.

Day RA, and Gastel M. (2011), *How to Write and Publish a Scientific Paper*. Greenwood, Santa Barbara, California.

Eichorn P, and Yankauer A. (1987), Do authors check their references? A survey of accuracy of references in three public health journals. *American Journal of Public Health* 77(8):1011-1012.

Garfield E. (2003), The meaning of the impact factor. *Revista Internacional de Psicologia Clìnica y de la Salud/ International Journal of Clinical and Health Psychology* 3(2):363-369.

Garfield E. (2005), The agony and the ecstasy — The history and meaning of the journal impact factor. Presented at International Congress on Peer Review and Biomedical Publication, Chicago, September 16, 2005.

Hicks D, and Potter J. (1991), Sociology of scientific knowledge: A reflective citation analysis or science disciplines and disciplining science. *Social Studies of Science* 21(1991):459-501.

Hicks D, Wouters P, Waltman L, de Rijcke S, and Rafols I. (2015), The Leiden manifesto for research metrics. *Nature* 520(7548):429-431.

Hirsch JE. (2005), An index to quantify an individual's scientific research output. *Proceedings of National Academy of Science*, 102(46):16569-16572.

Hubbard SC, and McVeigh ME. (2011), Casting a wide net: the journal impact factor numerator. *Learned Publishing* 24(2):133-137.

Joseph KS. (2003), Quality of impact factors of general medical journals. *British Medical Journal* 326:283.

Krell FT. (2010), Should editors influence journal impact factors? *Learned Publishing* 23(1):59-62.

Larivière V, and Gingras Y. (2010), The impact factor's Matthew effect: a natural experiment in bibliometrics. *Journal of the American Society for Information Science and Technology* 61(2):424-427.

Larivière V, Kiermer V, MacCallum CJ, McNutt M, Patterson M, Pulverer B, Swaminathan S, Taylor S, and Curry S. (2016), A simple proposal for the publication of journal citation distributions. doi: https://doi.org/10.1101/062109 (This article is a preprint and has not been peer-reviewed.)

Larivière V, and Sugimoto CR. (2018), The journal impact factor: A brief history, critique, and discussion of adverse effects. In: Glänzel, W, Moed, HF, Schmoch, U, and Thelwall, M. (eds.), *Springer Handbook of Science and Technology Indicators*. Cham (Switzerland): Springer International Publishing.

Lawrence PA (2007), The mismeasurement of science. *Current Biology* 17(15): PR583-R585.

Lukič IK, Lukič A, Gluncič V, Katavič V, Vucěnik V, and Marusič A. (2004), Citation and quotation accuracy in three anatomy journals. *Clinical Anatomy* 17:534-539.

MacRoberts MH, and MacRoberts BR. (1986), Quantitative measures of communication in science: A study of the formal level. *Social studies of Science* 16(1986):151-172.

MacRoberts MH, and MacRoberts BR. (1988), Author motivation for not citing influences: A methodological note. *Journal of the American Society for Information Science* 39(6):432-433.

MacRoberts MH, and MacRoberts BR. (1997), Citation content analysis of a botany journal. *Journal of the American Society for Information Science* 48(3):274-275.

MacRoberts MH, and MacRoberts BR. (2010), Problems of citation analysis: A study of uncited and seldom-cited influences. *Journal of the American Society for Information Science and technology* 61(1):1-13.

McVeigh ME, and Mann SJ. (2009), The journal impact factor denominator. Defining citable (counted) items. *JAMA (Journal of American Medical Association)*, 302(10):1107-1109.

Merton RK. (1968), The Matthew effect in science. *Science* 159(3810):56-63.

Opthof T. (1997), Sense and nonsense about the impact factor. *Cardiovascular Research* 33 (1997):1-7.

Perc M. (2014), The Matthew effect in empirical data. *Journal of the Royal Society Interface* 11:20140378.

Perneger TV. (2010), Citation analysis of identical consensus statements revealed journal-related bias. *Journal of Clinical Epidemiology* 63(2010):660-664.

Rogers LF (2002), Impact factor: The numbers game. *American Journal of Roentgenology* 178(3):541-542.

Schutte HK, and Švec JG. (2007), Reaction of *Folia Phoniatrica et Logopaedica* on the current trend of impact factor measures. *Folia Phoniatrica et Logopaedica* 59:281-285.

『聖書』、責任編集・前田護郎、中央公論社、世界の名著 12 (1968)。

Shashank PR, and Meshram NM. (2014), Impact factor-driven taxonomy: deterrent to Indian taxonomists? *Current Science* 106(1):10

Simkin MV, and Roychowdbury VP. (2003), Read before you cite! *Complex Systems* 14:269-274.

The PLoS Medicine Editors (2006), The impact factor game. *PLoS Medicine* 3(6): e291.

Todd PA, Guest JR, Lu J, and Chou, LM. (2010), One in four citations in marine biology papers is inappropriate. *Marine Ecology Progress Series* 408:299-303.

Todd PA, Yeo DCJ, Li D, and Ladle RJ. (2007), Citing practices in ecology: can we believe our own words? *Oikos* 116:1599-1601.

Venu P, and Sanjappa M. (2011), The impact factor and taxonomy. *Current Science* 101(11):1397.

Vieira ES, and Gomes JANF. (2010), Citations to scientific articles: Its distribution and dependence on the article features. *Journal of Informetrics* 4(2010):1-13.

Werner R. (2015), The focus on bibliometrics makes papers less useful. *Nature* 517:245.

Werner YL. (2006), The case of impact factor versus taxonomy: a proposal. *Journal of Natural History* 40(21-22):1285-1286.

第3章
インパクト・ファクターの誤用のもたらすもの

　論文1本当たりの平均被引用回数に過ぎないインパクト・ファクター。小数点以下3位までの数字で表され、精密さを装っているけれど、その計算法は曖昧で、なんとも信頼のおけないインパクト・ファクター。「こんな数字に、なぜ振り回されなければいけないんだ。無視すればいいじゃないか」と言いたいところだが、当事者である研究者にとってはそう簡単に無視できるものではない。高インパクト・ファクター誌に論文を出せるかどうかは、もはや死活問題。研究者として生活していけるかどうかが、かかっているからだ。

　雑誌のインパクト・ファクターが研究者の業績評価に大幅に使われるようになって早30年。幾多の批判もものともせず、インパクト・ファクターは科学界の隅々にまで行き渡った。そして、今や、研究者人生のすべてを左右するようなモンスターにまで成長した。インパクト・ファクターは、研究者のキャリアを決定するあらゆる場面で使われていて、「研究者であり続けようとすれば、それを無視しては通れない」という状況ができあがったのである。

　研究職につけるだろうか。論文を発表した雑誌のインパクト・ファクター次第である。どうにか研究職につけた。研究費をどれだけ獲得できるだろうか。論文を発表した雑誌のインパクト・ファクター次第である。研究職についてもう数年経つが、まだ、独立した自分の研究室をもてていない。どうすれば、いつになったら、独立した研究室をもてるようになるのだろうか。

どれだけの数の論文をどれだけインパクト・ファクターの高い雑誌に出せるか、それによって、どれだけの研究費がとれるか次第である。独立の研究室をもてた。一緒に働いてくれる学生もいる。さあ、もっと研究費を獲得しなければならない。上手く獲得できるだろうか。インパクト・ファクターの高い雑誌に何本論文を出せるか次第である。今のところ、研究は順調。学生の数も増え、研究室も大きくなった。もっと研究費が必要だが、研究費は更新できるだろうか。更新時に増額を申請したいが、上手くいくだろうか。すべては、インパクト・ファクター次第である。

このような状況が、科学者の心理や行動に影響を与えないはずがない。たとえ、それがどんなに信用のおけないお粗末な指標であれ、それによって評価され、研究者としての生命が決定されるとなれば、注意を向けざるを得ない。研究者であり続けたければ（しかし、研究者をやめるという選択肢はある。例えば、榎木 (2014) を参照のこと）、できるだけインパクト・ファクターの高い雑誌に、できるだけたくさんの論文を出し続けるしかないのである。かくして、科学者の目的は、自然界のさまざまな現象を解明することから、「できるだけインパクト・ファクターの高い雑誌に、できるだけ多くの論文を発表すること」(Lawrence, 2003) になったのである。

そして、この研究目的の転換は、今や、研究倫理観の低下、流行の研究テーマやすぐに結果の出るテーマへのシフト等、科学研究の真髄ともいえる部分にまで悪影響を及ぼすようになった。

衣食足りて礼節を知る。貧すれば鈍する。すべてが順調に進み余裕のある時には科学者としての公正性や誠実さ、高潔さを保てていても、インパクト・ファクターの合計数が足りず、教授選での勝利が危うい、研究費の更新が危ういとなれば、不正に手を染めたり、不正とはバレない程度のグレイ・ゾーンに足を踏み入れたりする人はいる。そして、一度グレイ・ゾーンに足を踏み入れ、それによって欲しかったものが手に入ったなら、その行動はおそらく常習化する。研究テーマもしかり。自分が本当にやりたいテーマでは研究費がとれないとなれば、流行りに乗っかって、研究費のとれそうなテーマからテーマへと、研究テーマを変えざるを得ない。そして、これができる

変わり身の早い研究者が生き残る。

　これから職を得ようとする世代の状況はもっとシビアである。とにかく、最重要視されるのはインパクト・ファクターの合計数。「渇しても盗泉の水を飲まず」とグレイ・ゾーンには近づかず真摯な態度で研究に取り組む心清き研究者と、とにかく手段は選ばずインパクト・ファクター集めに奔走するグレイな研究者。どちらが生き残る可能性が高いか。おそらく、後者である。

　この章では、インパクト・ファクター重視、論文の被引用回数重視の風潮が、科学界にもたらしているさまざまな問題をとりあげていく。論文の被引用回数やインパクト・ファクターの操作といったちょっと見にはお粗末なものもある。しかし、これすらも実は、弱小専門誌の生き残りといった重大な問題を反映している。また、その他の問題の多くは、科学者としての倫理や研究結果の信憑性と関係し、科学研究をその土台から浸食しつつある深刻なものである。

3-1
個々の研究者による論文の被引用回数の操作

　研究者は論文を書く時、自分が以前に出した論文や、友人や知人研究者の論文をよく引用する。この行動自体は一概に悪いとはいいきれない。それぞれの研究者はある特定の研究テーマに興味をもっていて、そのテーマの研究を掘り下げ、発展させていっているのが普通である。当然のことながら、より発展させた研究の発表では、その前段階の研究結果に言及することになる。友人や知人研究者の論文もしかり。同じようなテーマの研究をしている友人や知人の場合、お互いの研究結果を共有することで、さらに研究を発展させていくことが多々ある。その結果、お互いの論文を引用することも多くなる。

　論文の査読者 (審査員) が、自らの論文を参考文献として載せるよう示唆してくることもあるが、これも論文のテーマと合ったものなら、一概に悪いとはいいきれない。その論文の存在に気づかずにいただけで、実際に役に立つものかもしれない。

ここら辺までなら、研究倫理・発表倫理の許容範囲内なのだが、時にはこの範囲を超える人もいる。例を 1 つ紹介しておこう。リトラクション・ウォッチ*1というサイトに掲載された記事である (Retraction Watch, 2018)。リトラクション・ウォッチの直訳は、撤回の監視。このサイトでは、学術雑誌に掲載された論文の撤回事例を追跡し、それらをとおして科学界の動向を分析している。

さて、記事の見出しは、「論文 3 本、引用されすぎを理由に撤回される」。被引用回数重視の愚かな傾向を皮肉った、なかなかの見出しである。

論文が撤回されるのは、データのねつ造や改竄など、論文の内容に不正が発覚した場合が多いのだが (Fang 他, 2012)、この件では、自分の論文の被引用回数を不当に操作したとして、ベルギーのゲント大学の応用力学教授 W の論文 3 本が、それが掲載されていた学術誌*2 の編集長によって取り下げられた。不正を行ったのはベルギーの大学の教授だが、不正の舞台となったのは日本で開催された国際学会である。

この W 教授は、2017 年に北九州で開催された国際構造物損害評価学会*3 の大会長を務めたのだが、どうも学会の参加者に自分の論文を引用するよう画策したようである。学会で発表された研究が論文集としてまとめられ、物理学雑誌 (Journal of Physics) の学会特集号として出版されてみると、どうだろう。W 教授の 3 本の論文の合計被引用回数の実に 4 分の 3 が、この学会特集号 1 冊に載った論文によるものだった。

これに怒りの鉄拳を振るったのが、W 教授の論文が元々掲載されていた雑誌の編集長である。「我々の雑誌は、このような不正を容認することはできない」という趣旨のコメントをつけて、3 論文を撤回処分とした。

---

*1リトラクション・ウォッチは 2 人のアメリカの科学ジャーナリストによって運営されているサイトで、当然のことながら使われている言語は英語である。しかし、このサイトに関する日本語での詳しい説明 (白楽ロックビル、2016) が、白楽ロックビル氏のサイト『研究倫理 (ネカト)』(https://haklak.com/) 内にある。

*2学術誌名は、*Journal of Vibroengineering* (振動工学雑誌)。

*3学会の英文表記は、12-th International Conference on Damage Assessment of Structures, 10-12 July, 2017, Kitakyushu, Japan である。

┌─ **3-2** ──────────────────────────────┐
出版社や編集委員による
インパクト・ファクターの操作
└────────────────────────────────────┘

　論文の被引用回数やインパクト・ファクターの操作に、個々の研究者よりずっと躍起になっているのが、学術雑誌を出している出版社や学術雑誌の編集委員である。「なぜ、そんなことをするのか」という理由を考えることは後に譲り、まずは、どんな方法でインパクト・ファクターの値を上げているのかを見てみよう。

┌─ **3-2-1** ────────────────────────────┐
インパクト・ファクター操作法
└────────────────────────────────────┘

A　分子・分母の操作

$$\text{ある雑誌の 2019 年のインパクト・ファクター}$$

$$= \frac{(\text{2017 年と 2018 年にその雑誌に掲載された記事が、2019 年に様々な雑誌に引用された回数})}{(\text{2017 年と 2018 年にその雑誌に掲載された引用可能な記事の総数})}$$

　インパクト・ファクターの値を操作するのは、そんなに難しいことではない。というか、実に簡単である。上に挙げたインパクト・ファクターの計算式自体が、割り算ひとつの単純なものだからだ。値を大きくしたかったら、下の分母を小さく、上の分子を大きくすればいい。分母を大きくすることなく、分子を大きくするのでもいい。とにかく、頭でっかちにすればいい。

　これをするために編集者たちが取っているさまざまな方法をまとめたのが、表 3.1 の A である (Falagas & Alexiou, 2008; Davis, 2012a)。順に見ていこう。

A.1　自誌論文の引用を依頼・強要する　一番目は、論文の投稿者に「あなたの論文を本誌に掲載することが、ほぼ決まりました。でも、実際に掲載する前に、引用文献にうちの雑誌に載っている最近の論文をつけ加えてね」と自誌論文の引用をお願いするものだ。分子が大きくなる。

表 **3.1**　インパクト・ファクターの操作法。(Falagas & Alexiou 2008, Table 1 および Davis 2012a をもとに作成)

A.分子・分母の操作

1	自誌、あるいはその系列誌に載った論文を、原稿の引用文献欄につけ加えるよう要求する
2	自誌に掲載した論文のまとめを(通常、「昨年どんな論文が本誌に掲載されたのか」といった形で)、引用つきで掲載する
3	分子の被引用回数は増やすが、分母ではカウントされない種類の記事を掲載する
4	自誌掲載論文に関する論説記事や読者のコメントを掲載し、自誌引用の回数を増やす
5	原著論文や症例報告などと比べ、より頻繁に引用されるレビュー論文を多く掲載する
6	複数の雑誌で連合し、互いの論文を引用し合う
7	大きくて活発な研究グループの論文や、共著者数の多い論文を好んで掲載する

B.著名度・話題性の活用

1	論文の真の質とは関係なく、著名な科学者や研究リーダーからの論文の掲載を歓迎する
2	主に、流行りの「ホット」なテーマの論文を掲載する

C.ポジティブな結果や初報告の優先

1	論文の科学的質に関係なく、効果や影響などが発見されなかったことを報告する論文は掲載しない
2	先行研究の結果の確認を行った論文は掲載しない

　論文の原稿を投稿すると、それは、研究者でもある編集委員の 1 人に送られる (図 3.1 (次ページ))。編集委員は原稿を読み、その研究内容を適切に評価できると思われる研究者 2〜3 人、つまり、投稿された論文と同じようなテーマの研究をしている研究者数人に、査読 (論文の審査) をお願いする。査読を承諾した研究者は原稿を読み、疑問点、改善すべき点などを著者へのコメントとしてまとめ、編集委員に送る。その際、その論文の雑誌への掲載を推薦するか否かも回答する。回答は、通常、「このままの形で掲載してよい」、「小さな問題点はあるが、それを直せば掲載してよい」、「大きな問題点もあるが、それを直せば掲載の可能性はある」、「掲載できない」といった形である。そして、編集委員は査読者からの意見を総合し、著者に今と同じような形で回答する。査読者からのコメントも送付する。

　編集委員の回答が「掲載できない」だった場合は、そこで終止符である。「大きな問題点もあるが、それを直せば掲載の可能性はある」の場合は、著者–編集委員–査読者の間で、もう何ラウンドかコメントと返答のやり取りがあった後、4 つの回答のどこかに落ち着くことになる。

　そして、「ほぼ、このままの形で掲載してよい」、「小さな問題点はあるが、

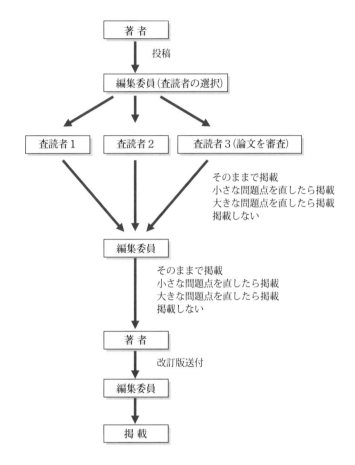

図 **3.1**　論文の投稿から掲載までの流れ

それを直せば掲載してよい」という段階になると、編集委員が著者に「うち
の雑誌の論文を足してね」とお願いできるチャンスがやってくる。著者の方
は、「はい、あなたの論文をうちの雑誌に載せることが、ほぼ決まりました
よ」と言ってもらって嬉しくて仕方のない時である。編集委員からのちょっ
としたお願いには、応えてしまうのがふつうである。
　さらには、お願いされる前に安全のためにやっておく、ということまで分
野によってはあるようだ。経済学・社会学・心理学・ビジネス分野の研究者

(大学院生以上) 6,600 人余りを対象に行ったアンケート調査によれば、自誌論文の引用を要求するという定評のある雑誌に投稿する場合には、事前にその雑誌の論文を引用文献に含めておく、と答えた研究者が 57% にのぼったそうだ (Wilhite & Fong, 2012)。

A.2　自誌を振り返る論説を一定間隔で掲載する　「えっ、そこまでやる？」と私も驚いてしまったのが、この戦略である。年 1 回、年数回、あるいは月 1 回と間隔はさまざまだが、とにかく一定の間隔で論説を書き、自誌 (自分が編集長や編集委員を務めている雑誌) に掲載された論文を引用つきでまとめる、というものだ。

> ○○分野では、△△に関する論文が多く発表され (文献 1, 2017; 文献 2, 2017; 文献 3, 2017; 文献 4, 2017)、全体として□□のような傾向が見られました。

といった具合である。これをその雑誌のカバーする様々な小分野について行えば、自誌に発表された論文を、かなりの数引用することができる。

「本当にそんなことをする雑誌があるのかなあ」と思って探してみたら、露骨にそれをやっている雑誌が見つかったので、紹介しておこう。

雑誌名は、*Molecular Ecology* (分子生態学)。2007 年からずっと、毎年初めに論説を掲載し、主に前年 (前年＋前々年の時もある) に自誌に発表された論文を引用している。最近は少なめだが、多い時には 180 本近い自誌論文を引用していた (表 3.2 (次ページ))。この雑誌の 2007 年から 2017 年の掲載論文数は、1 年につき、およそ 400 本なので (Rieseberg & Geraldes, 2016; 筆者収集データ [*4])、180 本近く引用した時には 1 年間に掲載した論文の半数弱 (45% あまり) を引用していたことになる。これをインパクト・ファクターの変化に換算すると、$180 \div (2$ 年間にこの雑誌に掲載された論文数$) = 180 \div (400 + 400) = 0.225$ となる。

興味深いのは、この程度のインパクト・ファクターの操作だと、クラリベ

[*4] *Molecular Ecology* 誌 HP (https://onlinelibrary.wiley.com/journal/1365294x) 掲載の目次をもとに、数え上げた。

表 **3.2**　*Molecular Ecology* 誌に掲載された論説の引用文献内訳

論説掲載年	雑誌の種類					他誌	不明	総引用数
	自誌							
	その年	前年	前々年	それ以前	前年・前々年合計			
2007	0	90	0	0	90	7	0	97
2008	1	104	2	0	106	5	0	112
2009	0	178	0	0	178	0	2	180
2010	0	158	1	1	159	6	0	166
2011	0	83	95	1	178	4	0	183
2012	0	145	0	0	145	0	0	145
2013	0	27	4	5	31	1	0	37
2014	2	55	0	1	55	2	0	60
2015	0	91	2	1	93	2	0	96
2016	0	60	0	0	60	5	0	65
2017	1	23	6	1	29	3	0	34
2018	0	91	0	1	91	4	0	96

数字は、引用文献数を表す。網掛け部分は、論説掲載年のインパクト・ファクター算出の対象となる 2 年間の合計である。また、2007 年から 2017 年の年間掲載論文数は、およそ 400 本である (Rieseberg & Geraldes, 2016; 筆者収集データ)。
Rieseberg & Smith, 2007, 2008; Rieseberg 他, 2009, 2010, 2011, 2012, 2013, 2014, 2015; Rieseberg & Geraldes, 2016; Rieseberg 他, 2017, 2018 にもとづき作成。

イト・アナリティクス社からおしかりを受けないということだ。

　実は、クラリベイト・アナリティクス社も自誌引用 (＝自誌に載った論文を、自誌内の別の論文や記事で引用すること) には警戒をしていて、2004 年以降、自誌引用率、つまり、全引用に占める自誌引用の割合を計算している (Davis, 2012b)。そして、自誌引用率が非常に高くなり、その結果、雑誌の分野内ランキングが大幅に変化するくらいインパクト・ファクターが上がった場合には、その雑誌を Journal Citation Reports (JCR) に載せないという措置をとっている (Davis, 2017a)。

　しかし、この *Molecular Ecology* 誌については、これまで一度もおとがめなし。継続して、JCR に掲載されている。掲載差し止め措置を受けない程度に、上手く調節しているようである。

A.3　分母ではカウントされない記事を増やす　この戦略は、分母ではカウントされない引用不可記事を増やし、それへの引用によって分子を増やす、というものだ。

　原則として、分母で数えられるのは、原著論文やレビュー論文などの研究論文、分子で数えられるのはすべての記事への引用であったことを思い出してほしい。分母で数えられない論説や意見記事などの割合を増やせば、分母は増えないまま、これら記事への引用により分子が増える。結果、インパクト・ファクターは上昇する。

A.4　分母に入らない論説・意見記事で自誌引用を増やす　この戦略は、分母では数えられない論説や意見記事への引用をただ待つ (A.3) のではなく、これらを上手く使って、自誌引用を増やす、というものだ。

　具体的には、論議をよびそうなトピック、つまり読者からの意見の投稿が多く見込まれるようなトピックを選んで論説記事を書き、紙上でのディスカッションを喚起する。論説記事 $\Longrightarrow$ それへの読者から意見記事 $\Longrightarrow$ その意見記事に対する論説や他の読者から意見記事という風にディスカッションを進め、これらすべてを掲載する。こうすると、お互いがお互いを引用するので、かなりの数の引用を稼ぐことができる。論説記事や意見記事なので分母は増えず、分子だけが、上手いこと増える。

　インパクト・ファクター偏重への皮肉たっぷりに、これを実際に行った雑誌がある。「自誌のインパクト・ファクターを上げたかったら、インパクト・ファクターについてディスカッションをすればいい」という趣旨の論説を書いたのである。コラム 3.1 で紹介しているので読んでみてほしい。

A.5　レビュー論文を増やす　レビュー論文をたくさん載せる、という手もある。すでに述べたように、論文の中で、ある特定の研究について言及する場合には、レビュー論文や他の人の書いた論文ではなく、その研究を行った研究者自身が書いた論文 (原著) を引用するのが基本である。しかし、これもすでに述べたように、この原著にさかのぼって読むという基本を守っていない研究者はたくさんいる。その結果、レビュー論文の被引用回数は、原著論文の被引用回数より高いのがふつうである。したがって、雑誌に掲載するレビュー論文の割合を増やせば、被引用回数は増え、インパクト・ファクターは上昇する。

A.6　引用カルテルを作る　自誌引用を増やすことでインパクト・ファク
ターを上げようとする編集委員たちへの対抗措置として、クラリベイト・ア
ナリティクス社が、自誌引用率をチェックし始めたのは、すでに述べたとお
りだ。

　このようなクラリベイト・アナリティクス社の動きに対抗するかのよう
に、2012 年頃から表面化しだしたのが、引用カルテルである。複数の雑誌
でカルテル (= 連合) を作り、お互いの雑誌の論文を引用し合うという手口
である。自誌引用チェックに引っかからない。栄えある最初の事例を紹介し
ておこう (Davis, 2012a)。

　カルテルのメンバーは 3 誌。ここでは、A 誌、B 誌、C 誌としておこ
う [*5]。そして、このカルテルによって操作されたのは、2010 年のインパク
ト・ファクターである。

　さて、2010 年、共著者 4 名のうち 3 名が A 誌の編集委員というレビュー
論文が、B 誌に掲載された。その論文の引用文献 490 のうち、445 は 2008
年あるいは 2009 年に A 誌に掲載された論文だった。残り 45 の引用文献の
うち 44 は 2008 年あるいは 2009 年に B 誌に掲載されたものだった。つま
り、A 誌の編集委員たちが B 誌にレビュー論文を発表し、2010 年のインパ
クト・ファクター算出に含まれる自誌論文 445 本を引用した。そして、それ
をさせてくれた B 誌へのお礼だろうか、B 誌の 2010 年インパクト・ファク
ター算出に含まれる B 誌論文も、44 本引用した。

　この A 誌の編集委員 3 名のうち 2 名は、C 誌にもレビュー論文を発表し
ている。そして、この論文の全引用文献 124 のうち 96 は、A 誌に掲載され
た論文で、残り 28 のうち 26 は C 誌に掲載された論文だった。もちろんこ
れら 122 (=96+26) の文献は、すべて 2008 年あるいは 2009 年に発表さ
れたもの、つまり、2010 年のインパクト・ファクター算出に使われるもの
だった。

[*5] 3 誌の名称は、以下の通りである。A: *Cell Transplantation*, B: *Medical Science
Monitor*, C: *The Scientific World Journal*.

これら A 誌の編集委員は、翌年 2011 年にも同じことを行っている。

上の事例では、A 誌が主犯で、B 誌や C 誌が共犯者だろう。A 誌の編集委員たちによる論文がインパクト・ファクターを上げるためだけに書かれたことは、引用文献欄を見れば明々白々である。それにも関わらず、その掲載を許可しているのだから、知らなかったではすまされない。雑誌間の談合があった、引用カルテルが存在したと結論づけていいだろう。

しかし、たった一人で、同じようなことを行ったという事例もある (Davis, 2017b)。ある雑誌 Q[*6]の編集長が、他誌の編集委員や査読者も兼任していた。そして、この他誌の編集委員や査読者という立場から、論文の投稿者に、自分が編集長をしている Q 誌の論文を引用させたのである。引用カルテルなしでも、「他の雑誌を使って、自誌の論文の被引用回数を上げる」ということが可能なことを示す例だろう。

引用カルテルとは断定しにくいこのような事例もあるせいだろうか、クラリベイト・アナリティクス社は、引用カルテルという言葉ではなく、citation stacking (引用スタッキング、引用積み上げ) という言葉をつかっている。

A.7 大きくて活発な研究グループの論文を掲載する 大きくて活発な研究グループの論文や共著者数の多い論文を好んで掲載し、後は、著者やその仲間・知り合いが引用するのに任せる、という戦略である。編集委員が自分の手を汚さなくても、つまり、痕跡が明らかに残る A.1 から A.6 の方法で自ら操作しなくても、著者たちがやってくれる、という賢い戦略でもある。

すでに第 2 章で見たように、研究者は自分の論文をよく引用する。「引用するから、引用してね」で、仲間同士、知り合い同士でも、論文を引用し合う。雑誌側としては、共著者数の多い大きな研究グループの論文を掲載するだけでいい。後は放っておいても、著者自身や著者のお友達グループが、近い将来の論文でその論文を引用してくれる。研究グループが活発ならなおさらである。どんどん論文を出し、著者達、そして彼らのお友達がその論文を引用してくれるので、論文の被引用回数は増え、雑誌のインパクト・ファクターは上昇する。

---

*6雑誌の名称は、*Land Degradation & Development* である。

B　著名度・話題性の活用

　分子・分母をちょこまかと操作するのではなく、学者の著名度や研究テーマの話題性など、論文が引用される回数を簡単に上げそうなものを利用する、というのが次の 2 つの戦略 (表 3.2B) である (Falagas & Alexiou, 2008)。

B.1　著名な科学者・研究者の論文を優遇する　第 2 章のマタイ効果 (p.61) のところで述べたように、ほぼ同じ内容や質の論文であっても、すでに有名になった学者の論文は多くの人に読まれ引用され、実績がまだ少なく無名の学者の論文はなかなか読まれず引用もされにくい。

　雑誌の編集長や編集委員なら、この事実を利用しないという手はないだろう。著名な科学者の論文を掲載すれば、「有名な人の論文」ということで人々は注目し、引用する。結果、雑誌のインパクト・ファクターは上昇する。

B.2　流行りのテーマの論文を優遇する　科学の世界にも流行は存在する。ある事柄について、それまでの科学的常識をくつがえすような観察や発見が報告されると、それがきっかけとなって、そのテーマに研究者が殺到する。また、革新的な技術の開発により、それまで知りたくても知るすべのなかった疑問に答えを出せるようになったりすると、それまでゆっくりとしか進んでいなかったテーマの研究が一気に加速する。

　そして、雑誌の編集長や編集委員が自誌のインパクト・ファクターを上げたいなら、流行りのテーマの論文を優先的に掲載すればいい。すごい勢いで進み、研究者の数も増えている流行りのテーマでは、たくさんの論文が次々と発表される。掲載した論文がすぐに引用される可能性、つまりインパクト・ファクターの算出に使われる 2 年という枠内に引用される可能性は高い。

C　ポジティブな結果や初報告の優遇

　科学研究の世界に少しでも身を置いたことのある人ならおそらく誰もが気づいていることだが、「○○には△△をする効果のあることが分かりました」

といったポジティブな結果を報告する研究は論文になりやすいが、「○○には△△をする効果があるという証拠はみつかりませんでした」といったネガティブな結果の研究は論文になりにくい。また、すでに発表された論文の結果を調べ直し、再確認した研究 (確認研究) も論文になりにくい。査読者も編集委員もポジティブな結果の研究を好み、ネガティブな結果の研究や確認研究の掲載を敬遠する傾向にある。

　このような傾向は、おそらくインパクト・ファクターが登場する前からあったことだろう。なぜなら、そもそも、私たち人間がより興味を引かれるのは、目新しい発見、新奇性のある報告だからだ。そして、読者あっての雑誌。雑誌側としては、読者がより読みたい記事に偏らざるを得ない。

　そして、ポジティブな結果を優遇するというこの慣習は、インパクト・ファクター重視の時代にあっては、自誌のインパクト・ファクターを上げるための強力な戦略の1つとなっている。ポジティブな結果の報告は、より人目をひきより引用されやすい。掲載する論文をポジティブな結果のものに偏らせれば、自誌の論文の総被引用回数は増え、インパクト・ファクターは上昇する。

　インパクト・ファクターの操作という本題からは外れるが、ここで、科学の健全な進歩のためには、ネガティブな結果の報告や確認報告は、ポジティブな結果の報告と同じくらい重要であることを強調しておこう。

　まず、きちんとデザインした研究をきちんと行い、それでも、効果があるという証拠が見つからなかったのならば、その結果は、「効果がありました」というのと同じくらい科学的には意味がある。

　例えば、それが開発中の薬の効果を調べる臨床試験だったとしよう。まず、十分な人数の被験者を集める。被験者をランダムに2つのグループに分け、片方には本物の開発中の薬を投与し、もう片方には偽物の薬 (本物と見た目は同じだが、その有効成分を含まない) を投与する。どの被験者がどちらの薬をもらったかは、被験者も、薬を与える実験者も、効果を計測する実験者も知らないようにしておく。

　このような注意深い実験をして、かつ、その薬に「効果があるという証拠

が見つからなかった」ならば、その薬には効果がないか、効果があっても検出がむずかしいくらい小さい、と結論できる。そして、現在の薬にさらに改良を加えるか、あるいは、開発を中止して別の候補を考える、という研究の次の段階に進むことになる。

　また、原則として、科学は、研究者が互いの研究をチェックし、間違いがあれば正し、足りないところがあれば補強して、さらに発展させることで進歩していく。したがって、他の科学者の研究結果を確認するような研究結果は、もともとの研究結果の報告と同じくらい重要である。この 2 番目の研究結果があることにより、最初の研究結果や結論の信頼度・信憑性は高まることになる。

3-2-2 ── なぜインパクト・ファクター操作に走るのか

　学術雑誌を出している出版社や雑誌の編集委員が、必死になってインパクト・ファクターを操作する理由は、主に 2 つある。1 つは利潤追求、もう 1 つは雑誌の存続・生き残りである。もちろん、この 2 つの間に全く関係がないわけではない。雑誌の出版にはお金がかかる。収支がマイナスになるようであれば、営利目的の出版社が興味を示さないだけではない。非営利の学会誌としての出版もむずかしくなる。

出版社による利潤追求　学術雑誌の出版というのは、すでに見たネイチャー出版グループの例 (第 2 章コラム 2.1 (p.65)) のように、上手くやれば、なかなか儲かる商売である。実際、学術出版界を牛耳っているのは、学術研究機関や科学者で構成された学会や、学術関連非営利機関ではなく、営利を目的とする出版社である (Falagas & Alexiou, 2008)。営利企業であるからには、利益を上げなければ話にならない。そして、利益を上げたければ、なにはともあれ「インパクト・ファクター」である。

　雑誌のインパクト・ファクターが上がれば、マタイ効果によって読者が増え、論文が引用される回数が増える (同じ論文でも、高インパクト・ファクター誌に載ったものほど、引用されていたことを思い出そう)。そして、読

者が増え、被引用回数が上がれば、その雑誌が教育機関や研究機関で購読される可能性は高くなる。つまり、儲かる、という図式である。さらには、インパクト・ファクターが上がれば、高インパクト・ファクター誌のマタイ効果を狙って論文を投稿する研究者の数も増えるので (同じ論文でも、高インパクト・ファクター誌に載ればより高く評価されるし、引用もされる)、出版する巻数を増やし購読料を上げることができる、というオマケまでついている。

専門誌の存続　高インパクト・ファクター誌が、ますますそのインパクト・ファクター値を上げ繁栄を極める中、存亡の危機に瀕してしているのが、研究者の少ない、研究の行き届いていない分野の専門誌、そして、研究者である。

　第 2 章で述べたように、どれだけ高いインパクト・ファクターの雑誌が生まれ得るかは、分野の大きさによって大きく左右される。研究者の多い分野では、高インパクト・ファクター誌は比較的簡単に生まれるが、研究者の少ない分野では高インパクト・ファクター誌は生まれ得ない。しかし、分野間のこのような違いは無視され、研究者はインパクト・ファクターによって一列に並べて比べられる。結果、小さな分野の研究者は生存競争に敗れ、すでに多くの研究者のいる大きな分野がさらに大きくなり、研究者少ない小さな分野がますます小さくなる。

　このような状況下で、小さな分野の研究者が、それでも生き残ろうとするなら、インパクト・ファクターが低く出やすい分野専門誌を避け、インパクト・ファクターが高く出やすい総合誌に論文を投稿せざるを得なくなる。専門誌への論文投稿は減少し、雑誌の存続自体が危ぶまれるようになる。

　つまり、研究者の少ない小さな分野では、

　　　　少ない研究者数 ⟹ 低いインパクト・ファクター

　　　　　　　　⟹ 他分野研究者との生存競争における敗北

　　　　　　　　⟹ より少ない研究者数

　　　　　　　　⟹ より低いインパクト・ファクター

という負のスパイラルだけでなく、

少ない研究者数 ⟹ 低いインパクト・ファクター

⟹ 総合誌への論文投稿

⟹ 専門誌への投稿数の減少

⟹ 専門誌存続の危機

という流れまで、でき上ってしまっているのである。

　インパクト・ファクター偏重に起因するこのような状況が悪化の一途をたどる中、そして、くり返される批判をしり目に、インパクト・ファクター重視の潮流が収まるどころか、ますます力を強める中、研究者の少ない弱小分野の専門誌、そして、その分野の研究者を守るには、どうすればいいのか。やんわりとした批判を繰り返しても、おそらく意味はない。かなり大胆で過激な方法で批判するしかないだろう。そして、それをやってくれたのが、*Folia Phoniatrica et Logopaedica* (FPL 誌) というスイスの雑誌である。音声医学・言語治療の専門誌で、その分野の専門家からは高い評価を受けている。

　さて、何をしたのか。過去 2 年間に FPL 誌に掲載された論文すべてを引用するために、この雑誌がいかに国際的で、かつ音声医学・言語治療の幅広い分野を網羅した素晴らしいものであるかをとうとうと述べる論説記事を書いたのである。もちろん、第一目的は過去 2 年間のすべての論文を引用すること、残りは付け足しである。そして、著者たち (おそらく雑誌の編集委員) は、そのことを公明正大に言ってのけた (Schutte & Švec 2007, 282 ページ; 訳は筆者による)。

　　筆者たちは、過去 2 年間に本誌に掲載された論文すべてを引用するこの記事を書くことで、このような気がかりな風潮に反撃することにした。この記事により、本誌のインパクト・ファクター、および、本誌のリハビリテーション分野・耳鼻咽喉科学分野における雑誌ランキング順位は、大幅に上昇するはずである。このような行

動がでたらめなことはよく分かっているが、いくつかの国における
でたらめな科学界の現状を適切に反映したものだと思っている。音
声医学や言語治療が他の分野と比べ、より重要でないのではない。
単に研究が行き届いていない、つまり、研究されるべき多くの問題
に対して研究者の数が少ないだけである。

　この反撃の結果、FPL 誌のインパクト・ファクターは、著者たちの思惑
通り、2007 年の 0.655 から、2008 年の 1.439 へと上昇した。リハビリテー
ション分野の雑誌 27 誌内の順位も、22 位から 13 位へと上がった (Opatrný,
2008)。

　もちろん、これがお気に召さなかったのが、インパクト・ファクターを発
表しているトムソン・ロイター社 (当時) である。この件について詳しく調
べるという記事を *Nature* の通信欄に載せ (Testa, 2008)、その後 2008 年
と 2009 年の Journal Citation Reports に FPL 誌を含めないという措置を
とったようだ *7。

　FPL 誌も負けてはいない。著者の 1 人である Švec が、なぜ上のような
行動に至ったかの経緯をちゃんと理解しなさいという趣旨のメールを、トム
ソン・ロイター社の記者に送っている。そして、共著者の Schutte が、この
メールを上記 FPL 誌論説記事の pdf ファイルに付けてネット上に公開して
いる (Švec, 2009)。

　FPL 誌のように堂々と宣戦布告をする例は少ないので、数字として出て
きにくい。しかし、自誌の質の確保や自誌の存続のために多少なりともイン
パクト・ファクターを操作することは、どの雑誌もしているのではないだろ

---

*7 トムソン・ロイター社は、Journal Citation Reports (JCR) の購読者に向けた、2009
年の通信記事 (Journal Citation Reports-Notices, https://web.archive.org/web/
20100515192042,http://admin-apps.isiknowledge.com/JCR/static_html/notices/
notices.htm, 2018 年 8 月 17 日に閲覧) の中で、2008 年の JCR に他の 19 誌とともに
FPL 誌を含まないと述べている。理由は、自誌引用過多である。2010 年版の記事を手に
入れることができなかったのだが、JCR で FPL 誌を直接調べたところ、2008 年と 2009
年にはこの雑誌は JCR から除外されていた。

うか。それも、インパクト・ファクターの馬鹿らしさを重々承知した上で、「なんで、こんな馬鹿々々しいことをしなくてはならないんだ」とぶつぶつ言いながら、やっているのではないだろうか。

　学術誌の編集委員、特に編集長となるような科学者は、論文を読んでその価値を判断できるだけの専門知識と経験をもっているのが普通である。インパクト・ファクターにも精通し、その問題点、そして、それに振り回されることのくだらなさを、おそらく最も正確に理解している人々である。そういう人々が、「ばからしい」といいながらも、インパクト・ファクターの値に気を配り、それを上げるべく知恵と時間を割かなければならない状況に追い込まれている。知性と時間の無駄遣いもいいところだが、それが現状である。そして、その「ばからしいこと」「くだらないこと」をしなければ、目立つことはないがとても重要な研究の発表の場である専門誌が消えていく。

　表面だけ見れば、編集委員たちによるインパクト・ファクターの操作は、倫理に反するものに見える。実際、そのような意見もある (Smith, 1997; Agrawal, 2005)。「何くだらないことやってるの」とも言いたくなる。しかし、華やかさとは縁遠いが重要で、地にしっかりと足のついた科学研究、そして、それに従事する研究者を守るという編集委員たちの使命感に気づくと、そんな発言を簡単に軽く口にすることはできなくなる。編集委員たちの行動には、正当防衛に近いものもあるからだ。

　問題はもはや「インパクト・ファクター操作は悪いこと」と単純に片付けられるレベルのものではないのではないだろうか。インパクト・ファクターの操作など、一番やりたくないのは編集委員たちである。でも、やらなければ雑誌は死ぬ、廃刊に追いやられる。地味だが重要な研究の発表の場が消えていく。やらざるを得ない。

　そして、インパクト・ファクターの偏重こそが、このような現状の元凶である。

《コラム 3.1》 ブラック・ユーモアたっぷりの疫学雑誌

　FLP 誌のように真正面からの対決を試みる雑誌もあれば、ユー

モアたっぷりの皮肉で攻めることを選ぶ雑誌もある。後者の 1 つが *Epidemiology* (疫学) という雑誌である。この雑誌に載った論説の一部を紹介しよう (Hernàn, 2009)。きっちり訳すと長くなり過ぎるので、飛ばせる部分は適宜飛ばし意訳していく。文章中に現れる右肩数字は、原文に現れた引用文献の番号を示している。

　Epidemiology のインパクト・ファクターを上昇させる一番簡単な方法は、インパクト・ファクターについての記事を載せることだ。説明しよう。1 年前、我々はインパクト・ファクターの問題点についてのコメント記事を載せた[1]。問題点の 1 つは、計算式の分母では原著論文とレビュー論文しか数えないが、分子ではすべての記事への引用を数えるという点だ。例えば、*Epidemiology* の将来のインパクト・ファクターの計算の分母には、昨年のコメント記事[1] も今あなたが読んでいるこの論説も含まれない。しかし、分子には私がたった今前の文で引いた引用が含まれる。ところで、昨年のコメント記事[1] は、それに対する返答 3 つ[2-4] とそれに関する論説 1 つ[5] と共に出版された。今の文で、私は、本誌の将来のインパクト・ファクターの計算の分子に 4 つの引用を上手いこと足したわけだが、ここまでに出てきた 5 つの引用のどれも、分母には入らない。そして、これらはすべて本誌に掲載されたものだ。要するに、お互いを引用し合うようなコメント記事や論説を出せば、インパクト・ファクターを上げることができるのだ。

　昨年のインパクト・ファクターに関する論説[5] は、同時に出たコメント記事[1] を引用している。つまり、分子に +1 である。そしてコメント記事への 3 つの返答[2-4] のすべてが、コメント記事[1] を引用している。これで、分子に +3 である。さらに、我々は元のコメント記事[1] に関連した記事を 6 つ[6-11] 出版した (今の文で、6 つ引用を足してやった)。なんだかんだで、昨年のインパクト・ファクターに関するやり取りだけで、分子は +28、分母は +0 である。

　　Not bad, huh? (なかなかでしょ？)。毎年面白そうなトピックを
いくつか選んで、インパクト・ファクターでしたような議論をし、
それをまた、この論説のようなまとめにして出すっていうのは、ど
うだろう。簡単に 100 を超える引用を分子に加えられる。インパ
クト・ファクターも上がるっていうもんだ。

　　ちなみにこの 1 ページ半ほどの論説記事で、著者は自誌に載った論
文、それも 2010 年のインパクト・ファクターの計算式の分子に含まれ
る引用を 11 足すことに成功している。ホントに、Not bad, huh? で
ある。

3-3
撤回論文の増加

　「できるだけインパクト・ファクターの高い雑誌に、できるだけ多くの論
文を」という風潮のもたらすもう 1 つの弊害として挙げられているのが、研
究不正の増加、そして、その表れと考えられる撤回論文の増加である (反対
意見については、後ほど)。撤回される論文の数は、その絶対数においても、
論文全体に占める割合においても、指数関数的に増えている。
　例えば、図 3.2 左の A は、計 42 の論文検索データベースや出版社ウェ
ブ・サイトを駆使して、非常に幅広い分野における撤回論文数を調べたもの
だ (Grieneisen & Zhang, 2012)。実線は各年に撤回された論文の数を、破
線は各年に出版され、その後 2010 年までに撤回された論文の数を表してい
る。破線のグラフが実線のグラフより左にずれているのは、論文の掲載と撤
回の間には時間差があるためだ。撤回理由にもよるが、論文掲載から何らか
の理由でそれが撤回されるまでには時間がかかる。データの捏造など不正
の発覚した研究者の場合は、時をさかのぼってすべての論文が調べられ、発
表から 10 年以上も経って撤回されることもある。結果、時間的ずれが生じ
る。このような多少のずれはあるものの、破線も実線も 2000 年前後から大
きく上昇している。

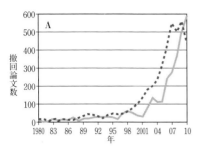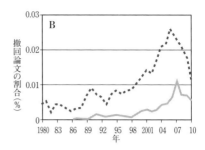

図 3.2 撤回論文数とその割合の時系列変化 (1980〜2010 年)。
A：撤回論文数 (絶対数)。実線は各年に撤回された論文の数を、破線は各年に出版され、その後 2010 年までに撤回された論文の数を表す。
B：総論文に占める撤回論文の割合 (%)。実線は、Web of Science での検索結果を、破線は PubMed での検索結果を表す。両グラフとも、グラフの右端で値が下がっているのは、論文の撤回までにはある程度の時間がかかるためと考えられる。(Grieneisen & Zhang 2012 の Fig. 4 を転載)

撤回論文の数が増えているのは、不正が増えているからではない。単に発表される論文の総数が増えていて、それに比例して増えているだけだ、という意見もある。そこで、撤回論文が論文全体に占める割合を年毎に見積もったのが、図 3.2 右の B である。実線は、本書で何度も登場している Web of Science で調べた結果を、破線は PubMed というデータベースで調べた結果を表している。Web of Science は、すでに見たように、人文科学や社会科学も含む幅広い分野の論文を検索できるデータベースである。一方、PubMed で検索できるのは主に生命科学・生物医学分野の論文である。

どちらの場合も、論文全体に占める撤回論文の割合は、年を追うごとに増えている。そして、その割合は、PubMed のカバーする生命科学・生物医学分野では、Web of Science のカバーする幅広い学術分野全体より高い。

撤回論文が増えていることはわかったが、これらはどのような理由で撤回されているのだろうか。イギリスの編集者の小さな集まりから 1997 年にスタートし、今や国際的な組織となった出版倫理委員会 (Committee on Publication Ethics, COPE)[8]は、学術雑誌の編集者は以下の場合に論文の

---

[8]History of COPE, https://publicationethics.org/about/history (2019 年 2

撤回を検討すべきだという指針を示している (Wager 他, 2009)。

- 研究結果が信頼できないものであるという明白な証拠がある。

原因はデータの捏造などの研究不正、あるいは計算ミスや実験ミスなどの
オネスト・エラー (honest error、以下で詳しく) である。

- 研究結果がすでに別のところで出版されている (重複出版)。
- 剽窃 (= 盗用) である。
- 非倫理的、つまり、倫理的に問題のある研究である。

　論文撤回と聞くと、ついつい研究不正と結びつけてしまいがちだ。しか
し、すべての論文が、不正を理由に撤回されるわけではない。どんなに誠実
に研究を行ったとしても、間違えることはある。特に、これまで誰も足を踏
み入れたことのない最先端の研究では、間違いが起こって当然という部分が
ある。このような間違い、つまり、「誠実に行ったが、結果として生じた誤
り (黒木, 2016)」は、オネスト・エラーとよばれている。オネスト・エラー
であっても、それが研究結果の信頼性をそこねるものであれば、当然、論文
は撤回されることになる。

　さて、実際のところ、どのような理由で論文は撤回されているのだろう
か。それを調べた 4 つの論文の結果をまとめたのが、表 3.3 である。A, B,
D の調査に使われたのは、生命科学・生物医学系の検索データベースや出
版社ウェブ・サイトである。それに対し、C では計 42 の幅広い分野の検索
データベースを使っている。

　結果はというと、かなり残念なものだ。網掛け部分が黒、または限りな
く黒に近いと考えられる不正なのだが、A では全撤回論文の 46%、B では
67%、C では 49%、D では 32% に、これらの不正が見つかっている。オネ
スト・エラーによる撤回は、全体の 13〜28% と少ない。

　ここで、ここまでの話をまとめよう。撤回論文の数も、それらが論文全体
に占める割合も、指数関数的に増えている。そして、撤回論文の 32〜67%、
つまり 3 分の 1 から 3 分の 2 には、明らかな不正が見つかっている。オネ

月 13 日閲覧); エリザベス・ウェイジャー (2014)。

表 **3.3** 論文の撤回理由。

A. Wager & Williams 2011
データベース:Medline
期間:1988-2012
撤回論文数 n=312

撤回理由	該当論文数	%
オネスト・エラー	87	28
重複出版	54	17
盗用	49	16
データ捏造	16	5
データ改ざん	13	4
非倫理的研究	4	1
不正(詳細不明)	10	3
結果再現不可	35	11
不正確・誤解を招く報告	12	4
未許可データ使用/著者間不和	17	5
出版社エラー	3	1
理由不明または不明確	17	5
合計	317	

B. Fang他 2012
データベース:PubMed
期間:1977-2012
撤回論文数 n=2047

撤回理由	該当論文数	%
エラー	437	21
捏造・改ざん	697	34
不正疑惑	192	9
盗用	200	10
重複発表	290	14
その他	108	5
不明	182	9
合計	2106	

C. Grieneisen & Zhang 2012
データベース:42データベース
期間:1928-2011
撤回論文数　n=4244

撤回理由	該当論文数	%
データ不正・捏造	602	14
他の研究不正	123	3
盗用	796	19
重複出版	562	13
信頼性を欠くデータ・解釈	915	22
著者に関連した問題	271	6
著作権問題	44	1
その他の発表倫理違反	100	2
出版社エラー	328	8
理由不明	601	14
合計	4342	

D. Moylan & Kowalczuk 2016
データベース:BioMed Central
期間:2000-2015
撤回論文数　n=134

撤回理由	該当論文数	%
オネスト・エラー	17	13
データ捏造・改ざん	10	7
重複出版	7	5
画像重複出版	5	4
盗用	22	16
共著者の知らない投稿	5	4
倫理委員会の承認なし	5	4
データ使用許可なし	3	2
編集規程違反	1	1
査読システムの冒とく	44	33
理由不明	15	11
合計	134	

網掛け部分は、狭義の研究不正と考えられる撤回理由を示す。表中の％は、全撤回論文のうち、その撤回理由に該当した論文の割合である。
(該当論文数/撤回論文数)×100という式により求めた。A〜Cでは2つ以上の撤回理由に該当する論文があるため、該当論文数の合計は撤回論文数を上回っている。また、Cでは、オネスト・エラーやエラーという項目は結果に示されていなかった。

スト・エラーによる撤回は、全体の8分の1から3分の1に過ぎない。

　この結果をどう解釈するかはむずかしい。実際、研究者の意見も2つに分かれている。1つめの意見は、インパクト・ファクター偏重主義と関係するものだ。科学者の目的が自然現象の解明から、「できるだけインパクト・ファクターの高い雑誌にできるだけ多くの論文を発表すること」に変貌する中

で、科学者全体としての研究倫理観が低下し、不正が増えた。そして、それが撤回論文の増加という形で表れている。つまり、撤回論文数の増加は氷山の一角にすぎず、その下には増加する研究不正の大きな塊が隠れている、という意見だ (表 3.3 の引用文献)。もう 1 つの意見は、いやいや研究不正は増えていない。不正に対して科学界が警戒を強めているので、より多くの不正が見つかるようになっただけだ、というものだ (例えば、Fanelli, 2013)。犯罪件数自体は変わっていないが、捜査が厳しくなり検挙率が上がったので、撤回論文数が増えた、という意見である。

　実際は、どちらか一方の意見が正しいわけではなく、論文数獲得競争と検挙率アップの両方が、撤回論文数の増加につながっているのだろう。「とにかく論文を出さねば」という背景があり、不正が増える。不正が発覚し、大々的にメディアなどで取りざたされると、不正のチェックが強化される。盗作や画像改竄を検出するためのコンピュータ・ソフトも開発され、もっと多くの不正が見つかる。しかし、チェックを強化しても、研究者を取り巻く状況は変わっていないので不正はなくならない。チェックをすり抜けようと、新手の不正が登場する *9。

　新しい不正の手口を開発しようとする側とそれを阻止しようとする側の軍拡競争が起こっていて、それが撤回論文増加という形で表れている、といったところではないだろうか。

《コラム 3.2》日本人研究者は正直か

　世界でも有数の正直な国民であるという誉れ高き日本人。日本人科学者もそうなのだろうか。残念ながら、そうではなさそうだ。データの示

---

*9例えば、表 3.3D の「査読システムの冒とく」などは、比較的新しい不正の手口である。最初のケースは 2012 年に発覚している。論文の投稿や査読依頼が、インターネットを通して行われるようになったことで生まれた抜け穴を利用したものだ。いくつものメールアドレスを取得して別人になりすまし、自分や自分の仲間が、自身の投稿した論文の査読者になるように、つまり自分で自分の論文を審査できるように仕組んだのである (Ferguson 他, 2014; Haug, 2015)。

表 **3.4**　撤回論文数世界ランキング。

	2015年10月1日	2018年2月23日	2018年7月30日	2019年1月15日
1	YF (183)	Yoshitaka Fujii (183)	Yoshitaka Fujii (183)	Yoshitaka Fujii (183)
2	ボルト (94)	Joachim Boldt (96)	Joachim Boldt (96)	Joachim Boldt (96)
3	チェン (60)	Diederik Stapel (58)	Diederik Stapel (58)	Diederik Stapel (58)
4	スターペル (55)	Adrian Maxim (48)	Adrian Maxim (48)	Adrian Maxim (48)
5	マキシム (46)	Chen-Yuan (Peter) Chen (43)	Chen-Yuan (Peter) Chen (43)	Yuhji Saitoh (48)
6	ツォン (41)	Hua Zhong (41)	Hua Zhong (41)	Yoshihiro Sato (48)
7	SK (36)	Shigeaki Kato (39)	Shigeaki Kato (39)	Jun Iwamoto (44)
8	シェーン (36)	James Hunton (36)	Yoshihiro Sato (39)	Chen-Yuan (Peter) Chen (43)
9	ムン (35)	Hyung-In Moon (35)	Yuhji Saitoh (38)	Fazlul Sarkar (41)
10	ハントン (32.5)	Naoki Mori (32)	James Hunton (37)	Hua Zhong (41)
11		Jan Hendrik Schön (31)	Hyung-In Moon (35)	Shigeaki Kato (40)
12		Tao Liu (29)	Jun Iwamoto (35)	James Hunton (37)
13		Cheng-Wu Chen (28)	Naoki Mori (32)	Hyung-In Moon (35)
14		Yoshihiro Sato (25)	Jan Hendrik Schön (32)	Naoki Mori (32)
15		Scott Reuben (24)	Soon-Gi Shin (30)	Jan Hendrik Schön (32)

2015 年 10 月分は黒木 (2016) 表 7-1 のデータによる。その他のデータは各日時における Retraction Watch (`https://retractionwatch.com/the-retraction-watch-leaderboard/`) の閲覧結果である。

す限り、日本の科学者はそれほど正直ではない。

　例えば、表 3.4 は、前にも出てきたアメリカ人ジャーナリストのブログ Retraction Watch (撤回の監視、p.81) に掲載された撤回論文数の世界ランキングである。撤回論文数 (カッコ内の数字) の多い順に研究者名が並んでいる。網掛け部分が日本人研究者である。トップ・テンに入る日本人研究者は、2015 年 10 月には 2 名だったが、2018 年 2 月には 3 名、2019 年の 1 月には 4 名になっている。

　日本は論文撤回率でも世界ランキング上位という記録をもっている。2004 年から 2014 年にかけて、1 年間に発表される論文の何 % が撤回されたかを示したのが図 3.3 (次ページ) だ。日本の論文撤回率は、欧米諸国の 2 倍弱から 2 倍である。

《コラム **3.3**》生命科学・化学・医学分野は論文撤回率が高い

　論文撤回率は、分野によって違うのだろうか。生命科学・生物医学分野に特化した PubMed で調べた撤回率が、幅広い分野をカバーする Web of Science で調べた撤回率より高かったことを考えると (図 3.2B)、分野間の違いはありそうだ。どうだろう。

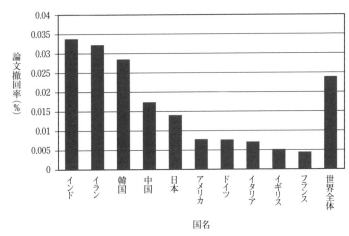

図 **3.3** 2004〜2014 年の国別論文撤回率。(黒木 2016, 表 5-2 のデータにもとづき作成)

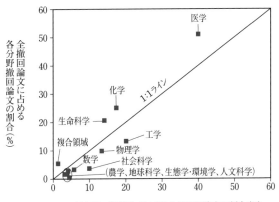

図 **3.4** 論文撤回の分野間比較。横軸は 2010 年に Web of Science (WoS) に掲載された全論文に占める各分野の論文の割合を、縦軸は 1928 年から 2011 年に撤回された全論文に占める各分野の撤回論文の割合を表す。撤回論文数が掲載論文数に比例して増えるならば、各分野のデータ点は 1:1 ラインの上に乗るはずである。掲載論文数に比して撤回論文の多い分野はこのラインより上に、少ない分野はこのラインより下にくる。(Grieneisen & Zhang 2012, Fig. 2 を転載)

それを調べた結果が、図 3.4 である。横軸は 2010 年に Web of

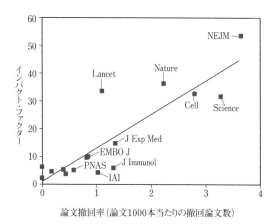

論文撤回率(論文1000本当たりの撤回論文数)

図 **3.5** 論文撤回率とインパクト・ファクターとの関係。(Fang & Casadevall 2011, Fig.2 を転載)

Science に掲載された全論文に占める各分野の論文の割合を、縦軸は 1928 年から 2010 年に撤回された全論文に占める各分野の撤回論文の割合を表している[*10]。撤回論文数が単純に掲載論文数に比例して増えていく場合を示したのが、対角線の 1:1 ラインである。掲載論文数に比べて撤回論文の多い分野はこのラインより上に、少ない分野はこのラインより下にくる。掲載論文数に比して撤回論文が多いのは、生命科学、化学、医学分野である。

《コラム **3.4**》論文撤回率が高いのは、高インパクト・ファクター誌

これも解釈が難しいのだが、論文撤回率とインパクト・ファクター (IF) の間には、正の相関関係があることが知られている (図 3.5)。論文撤回率が高いのは、インパクト・ファクターの高い雑誌。インパクト・ファクターの高い雑誌ほど、論文撤回率は高い。

[*10]縦軸の撤回論文については、本章の 3-3 節で出てきた 42 のデータ源で調べた 1928 年から 2011 年のデータを使っているが、横軸については、2010 年の Web of Science のデータを代表として使っている。42 のデータ源に含まれる 1928 年から 2011 年のすべて論文を数え上げることもできないので、後者は妥当な選択だろう。

　原因はいろいろ考えられるが、はっきりしない。IF の高い雑誌ほど未踏の最先端の研究が多いので、オネスト・エラーも出やすいし、不正もしやすいのかもしれない。また、IF の高い雑誌ほどたくさんの人が読むし、より批判的に読むので、不正やオネスト・エラーが見つかりやすいのかもしれない。あるいは、IF の高い雑誌の編集者ほど、みんながあっと驚くような新奇性の高い論文の掲載を好むので、「とにかく IF の高い雑誌に論文を」という一山当てたい組をよび寄せてしまうのかもしれない。

　いずれにせよ、ひとつはっきりと言えるのは、インパクト・ファクターの高い雑誌の載った論文だからよい論文とは限らない、ということだ。近い将来撤回の対象になるかもしれない論文も隠れている。

3-4
グレイ・ゾーンの研究行為

　データの捏造、データの改竄、盗用、重複出版は、誰もが黒とみなす明らかな不正である。特に、捏造 (fabrication)、改竄 (falsification)、盗用 (plagiarism) は、三大研究不正として広く認識されている。頭文字を取って、英語では FFP。日本語でも頭文字をあわせて「ネカト」とよぶよう、白楽ロックビル氏が推奨している。

　これらの不正は確かに問題なのだが、このようなあからさまな不正が行われる頻度はそう高くはない。図 3.2 (p.99) の B の縦軸の目盛りを、もう一度注意深く見てほしい。論文撤回率の比較的高い生命科学・生物医学分野 (破線のグラフ) でも、その値は、0.03% 以下、つまり、論文 10,000 本につき 3 本 (0.03/100＝3/10,000) 以下である。このうちの 3 分の 2 が不正によるものだとしても、研究不正による撤回は、論文 10,000 本につき高々2 本に過ぎない。

　科学にとってより深刻な影響をもたらすと科学者自身が感じているのは、真っ黒な不正よりずっと頻繁に、おそらくほぼ日常的に行われている、真っ

白ではないが真っ黒とも断言しにくい、さまざまな色合いのグレイな研究行為である。真理の探究を旨とする科学者として、それでいいのと首をかしげたくなるような行為なのだが、はっきりと白黒つけにくいだけに、それを行う者にとっては、上手く理由をつけて正当化し、自分で自分を騙すのに都合がよい類のものである。英語では Questionable Research Practice (QRP) (Steneck, 2006; 直訳は、疑問をよぶ研究行為、疑わしき研究行為) とよばれている。『研究不正』を書かれた黒木登志夫氏は、「疑わしき研究行為」で留まらず、「不適切な研究行為」とよんでいる。

　科学者自身はどのような行為を不正、あるいは QRP とみなし、それらはどのくらいの頻度で行われているのか。2 つほどデータを見てみよう。途中でちょっと寄り道をして統計の話をするが (コラム 3.5、3.6)、そこはお許し願いたい。

3-4-1 アメリカ国立衛生研究所 研究助成獲得者へのアンケート

　ある研究では、まず 50 人余りの科学者に小さなグループに分かれてディスカッションをしてもらい、気がかりに感じている研究行為を挙げてもらった。その後、別のグループの科学者数千人に過去 3 年間にそれらの行為を行ったか否か、アンケートで尋ねた (Martinson 他, 2005; de Vries 他, 2006)。

　ディスカッションに参加したのは、アメリカの 3 つの大学に属する若手から中堅の研究者 51 人 (ポストドク研究員、助教授、および准教授)。その専門分野は、生物医学、臨床科学、生物学、行動科学 (心理学、社会学、人類学など) とさまざまである。ふだんの研究生活の中でふつうに出会う、「これって、やっていいの」と気になっている行為、「この場合は、どうすれば正しいのか」と悩んでいる行為について自由に話し合ってもらった。一方、アンケートの対象となったのは、アメリカ国立衛生研究所 (National Institute of Health; NIH) から研究助成を受けたことのある若手から中堅の研究者である。NIH のデータベースからランダムに選ばれた若手 4,160 人、中堅

表 **3.5**　研究行動に関するアンケート調査結果。以下の不正行為あるいは QRP (不適切な研究行為) を 3 年以内に行ったと答えた研究者の割合 (%)。若手・中堅研究者計 3,247 人の回答にもとづく。

	研究行為	%
1	データを改ざん・操作する	0.3
2	ヒトを被験者とする場合に満たさなければならない重大な条件を無視する	0.3
3	自身の研究に基づく製品を製造する企業との関りをきちんと開示しない	0.3
4	学生、被験者、患者との関係が不適切と考えられる	1.4
5	他人のアイデアを無許可で、あるいは、それと明示することなく使用する	1.4
6	研究に関連して、秘密情報を許可なく使用する	1.7
7	自己の先行研究と矛盾するデータを見せない	6.0
8	ヒトを被験者とする場合に満たさなければならないマイナーな条件を無視する	7.6
9	他人の不正データや不適切なデータの解釈を黙認する	12.5
10	資金源からの圧力により、研究デザイン、方法、結果を変更する	15.5
11	同じデータや結果を2つ以上の論文で発表する	4.7
12	著者の選択が不適切である	10.0
13	論文や研究案に、方法や結果の詳細を書かない	10.8
14	不備のある、あるいは不適切な実験デザインを使う	13.5
15	直感で間違っていると思った観察やデータ点を解析から除く	15.3
16	研究プロジェクトの記録をきちんと取らない	27.5

Martison他2005, Table 1の一部を転載。

3,600 人の研究者にアンケートが郵送された。所属先変更などでアンケートが届かなかった場合を除いた回答率、つまり、アンケートを受け取った研究者のうち回答した研究者の割合は、若手が43%、中堅が52% である (郵送アンケートの回答率としては、標準レベルらしい)。

　表 3.5 がその結果である。1 番から 10 番の行為は、5 大学に所属する合計 6 人のコンプライアンス (法令遵守) 責任者の全員が、制裁の対象となる可能性があると判断した行為である。14 から 16 は、法令遵守という面からは不注意と分類されるだろうと判断された。

　先に述べたように回答率は 50% 前後。質問が質問なので、不正やそれに近いことを実際に行ったことのある研究者ほどアンケートに答えなかった可能性が高い。したがって、表 3.5 の数字は実際の状況を低めに見積もったものと考えてよいだろう。それにも関わらず、表に示された値はかなり大きい。黒またはかなり黒に近い 1～6 の行為については、さすがにそのパーセンテージは低めだ。しかし、それ以外の行為については、それを行ったと答えた研究者の割合はほぼ 5% からそれ以上。10% 以上という数字もかな

り見られる。過去 3 年間に 1〜10 の行為の少なくともひとつを行ったと答えた研究者は 33% にのぼったと、この研究は報告している (Martinson 他, 2005)。研究不正や QRP は、かなりの頻度で行われているようだ。

それ自体は法的制裁の対象とはならないようだが、結果の信憑性に関わり、長い目で見ると科学研究の信頼性を大きく損ねることになるのが、研究方法や結果の詳細に関わる QRP(行為 13; 言わないことによる嘘) や、研究デザインやデータの解析に関わる QRP(行為 14〜15) である。誤った結論につながり、実害をもたらす可能性も大いにある。

研究の詳細が書かれていなければ (行為 13)、他の研究者がその研究の信憑性を追試実験や観察で確かめることはできない。前にも述べたが、科学は、研究者同士がお互いの発見を吟味しあい、間違いがあれば正しあうことで進んでいく。この過程を経ることで、私たちはより真実に近づいていく。研究の詳細が省かれていて、確かめ作業そのものができないとなれば、このような科学の自己修正機能は働かない。

解き明かしたい科学的疑問に答えるには不備があったり、不適切であったりするデザインの研究 (行為 14) で得られたデータに、どんな意味があるのかを考えるのはむずかしい。しかし、答えたかった疑問にきちんと答えられないことだけは確かである。

他のデータ点からぽつんと離れたデータ点は、測定器具の不具合によるものかもしれないが、正しく測定された値かもしれない。本来は、「直感」や「経験」にもとづいて安易に解析から除外 (行為 15) してはいけないものである。例えば、その研究が薬の副作用を調べるものであった場合を考えてみてほしい。ほとんどのデータ点は小さな値に集まっていて、大きな副作用は見られない。しかし、人によっては大きな副作用があって、そのデータ点は他から大きく離れているかもしれない。離れたデータ点を明確な理由なしに除外して、「副作用は小さいです」と結論づけてはいけないことは、誰の目にも明らかだ。

後の例 (3-4-3 節) で詳しく見ていくが、今述べたような QRP は、蔓延すれば、科学の信頼性を損ねるどころか、それを土台から崩しかねない行為

である。しかし、制裁を受けないのをいいことに、そして、ばれにくいのをいいことに、これらの QRP はかなり頻繁に行われている。もう一度、表を見てほしい。各 QRP をここ3年以内にしたことがあると答えた研究者は、10〜15% である。

また、どんな分野であれ、あなたが「研究室」というものに属し、研究というものに少しでも足を踏み入れたことがあるなら、次のようなセリフや会話をどこかで聞いたことがあるのではないだろうか。

「このはじっこの点を取ってしまうことは、できないのか」

「○○大学の△△学科では、データの両端 □% は使わないのがふつうです」

「何がなんでも、統計的有意差を出せ」(次節で詳しく)

A：「データが出なくて困っているんです」

B：「実験をしたら何らかの結果は出るでしょ。結果が出ないってどういうこと」

A：「私のデータだと、先生が駄目だっておっしゃるんです」

残念ながら、これらは私が日本に帰ってきてから、直接、あるいは間に1人か2人をはさんで聞いた言葉である (アメリカにいた18年間に、聞くことはなかった)。研究倫理に興味をもつようになり、最終的にこの本を書くことになったのも、このような言葉が聞こえ始めたためだろう。

3-4-2 なぜ QRP をするのか

前節を読んで、13〜15 の QRP が問題なのは理解できたけど、なぜ研究者や学者とよばれる、一般に真理の探究者とみなされている人達がそんなことをするの？なぜ、やったことを正直に全部きちんと報告しないの？間違ったデザインの研究なんて、そもそもやる価値があるの？データもなぜ、きちんとした理由もないのに抜いちゃったりするの？などなど。いろいろ疑問の湧いてきた読者は多いのではないだろうか。

疑問はいろいろだろうが、答えは実にシンプルである。研究者がさまざまな QRP をするのは、そうしたほうが、論文が出やすくなるからだ。

　すでに述べたように、「〇〇には△△をする効果のあることが分かりました」というポジティブな結果を報告する研究は論文になりやすい。一方、「〇〇には△△をする効果があるという証拠はみつかりませんでした」というネガティブな結果の研究は論文になりにくい。そして、この「効果のあることがわかりました」を、統計用語に翻訳すれば、「(統計的) 有意差がありました」になる。「効果があるという証拠はみつかりませんでした」のほうは、「有意差はありませんでした」だ。

　研究者が生存競争に生き残るには、論文が必要。そして、論文を出したければ、ポジティブな、統計的有意差のある結果が必要。有意差のある結果を出したければQRP、というわけだ。

> ### 《コラム 3.5》[*11]統計検定の考え方と統計的有意差
>
> 　例えば、「〇〇には△△をする効果がある」と結論するかどうかを決めるにあたって、統計検定は少々回りくどい考え方をする。
>
> 　重要となるのは、「〇〇には△△をする効果がない」と仮定した時に、手元の結果かそれ以上に極端な値 (大きい、あるいは小さい) が得られる確率である。これが、統計用語では「p 値」とよばれるものだ。そして、通常この確率が 0.05 より小さいか大きいかによって、統計的有意差があるか否かを判定し ($p < 0.05$：有意差あり；$p \geq 0.05$：有意差なし)、「効果がある」と結論するかどうかを判断する。
>
> 　例えば、ある薬のプラスの効果を調べている場合なら、こんな具合だ。
>
> 　A：「〇〇には△△をする効果がない」と仮定した場合、この研究で得られたような結果やそれ以上に大きい値が得られる確率は低い ($p < 0.05$)。つまり、効果がないとしたら、このような結果は稀にしか起こらない。そこで、「効果がない」という考えを捨てて、「効果がある」という考えを採用しよう。

[*11]《コラム 3.5》は，Web 日本評論 `https://www.web-nippyo.jp/`の連載『現実を「統計的に理解する」ための初歩の初歩』の第 8 回を一部改変したものである．

逆もある。

　B：「○○には△△をする効果がない」と仮定した場合、この研究で得られたような結果やそれ以上に大きい値が得られる確率 (p 値) はまあまあある ($p\geq0.05$)、つまり、効果がなくても、このような結果はある程度起こりうる。そこで、「効果がない」という考えを捨てるのはよしておこう。「効果がある」という考えも採用できない。

　つまり、効果がないとした場合に手元の結果やそれ以上に極端な値の得られる確率が 0.05 より小さければ、「効果がない場合に稀に起こりうることが起こった」とは考えずに、「効果がある」と結論する (A の場合)。一方、効果がないとした場合に手元の結果やそれ以上に極端な値の得られる確率が 0.05 以上ならば、「(効果がなくても) この結果はふつうに得られる」と考えて、効果があるという証拠はないと結論する (B の場合)。

　もちろん、A のように考えた場合でも、「効果がない場合に稀に起こりうることが起こった」可能性は、p 値がゼロでない限り存在する。つまり、実際は効果がないのに、効果があると間違って結論する可能性はゼロではない。$p=0.04$ ならば、そのような間違いをおかす可能性は 0.04、4% である。

　統計的有意差を判定する境目の確率は、有意水準とよばれ、通常ギリシャ文字 α で表されている。$\alpha=0.05$ が最も一般的だが、なぜこの値が使われ出したかについては、理論的・数学的な根拠はない。実際、この疑問はどんな統計学の授業でも必ず出てくるが、その答えは「統計学の大家であるロナルド・フィシャ-がそう言ったから」という結構適当なものだ。

　重要なのは、$\alpha=0.05$ が単なる約束事に過ぎないことを知り、p の値を見て、その意味するところをきちんと考えることだろう。$\alpha=0.05$ という約束事のもとでは、$p=0.049$ なら「統計的有意差あり」となり、$p=0.051$ なら「統計的有意差なし」となる。しかし、効果がないと仮定した時に観察結果かそれ以上に極端な結果の得られる確率 (p 値) と

いう視点から見れば、その差は 0.002 に過ぎない。

《コラム 3.6》*12 なぜ確率という考えが必要となるのか

　コラム 3.5 を読んで、「統計的有意差はなんとなくわかったけど、そもそもなんで確率なんてものが出てくるんだ」と疑問に思った読者もいたのではないだろうか。実は、確率という考え方、そして確率を算出するための統計検定は、「ある集団について何かを知りたいとき、集団構成員全体を調べるのではなく、それを代表するような一部 (サンプル) をとって調べる」という科学の方法と密接に関係している。文系・理系や、分野の違いを問わず、科学研究とは切り離せないものだ。

　中間テストのクラス平均を計算するというように、クラス全員のデータが手に入る場合には、全員の点数を足して人数で割るだけでいい。確率の入り込む隙はないし、統計検定も必要ない。しかし、例えば、薬剤 A に日本人成人の血圧を下げる効果があるかどうかを知りたい場合はどうだろう。薬剤 A か偽薬を、日本人の成人全員に飲んでもらって調べるなんて方法は、非現実的だ。実際には、日本人全体を代表すると考えられる被験者のサンプルをとって、薬の効果を調べることになる。そして、この「サンプルをとる」という行為によって、偶然という要素が研究に入り込む。この偶然に対処するために必要となるのが、確率の考え方、そして統計検定である。

　図 3.6 を見ながら、もう少し詳しく説明しよう。確かめたい仮説は、「薬剤 A には、日本人成人の血圧を下げる効果がある」だ。

　さて、日本人成人全体について、薬剤 A の効果を調べたい。全員調べることはできないので、代表となるような 200 人のサンプルで調べることにする。そこで、例えば、マイナンバーの一覧表からランダムに 200 人を選び出す。ここで、どの 200 人が選ばれるかは、宝くじの当選

---

*12《コラム 3.6》は，Web 日本評論 https://www.web-nippyo.jp/ の連載『現実を「統計的に理解する」ための初歩の初歩』の第 9 回を一部改変したものである.

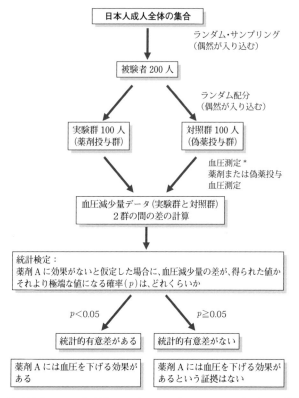

図 **3.6**　統計検定による仮説検証の流れの一例。調べたい仮説は、「薬剤 A には、血圧を下げる効果がある」。この仮説を日本人の成人で検証する場合を示す。
＊ 血圧測定にも偶然が入り込むが、ここでは詳しく述べない。

番号と同じで偶然次第だ。実際にはやらないが、もう 1 度 200 人選んでみれば、1 回目とは違うメンバーになるはずだ。さらにもう 1 度やってみれば、また違うメンバーになる。

　代表となる 200 人を選んだら、今度はその 200 人をこれもランダムに、薬剤 A を与えられる実験群と偽薬を与えられる対照群に分ける。ここでも偶然が入り込む。もう一度やってみれば、誰が実験群に行き誰が対照群に行くかは、1 回目と 2 回目では違っているはずだ。

　このようにして選んだ実験群・対照群各 100 人の血圧変化の差を比べ

るわけだが、得られた値は、偶然という要素を含んだものだ。「200 人
選び、実験群と対照群に分け、血圧変化の差を比べる」という作業を繰
り返せば、得られる値はほぼ毎回違ったものになる。薬剤 A に一般的
な効果はあまりないのに、たまたま選んだ 200 人のうちの、たまたま実
験群に選ばれた 100 人が、薬剤 A が良く効く人で、実験群と対照群の
差が大きく出るかもしれない。逆に、薬剤 A に効果があるのに、たま
たま選んだ 200 人のうちの、たまたま実験群に選ばれた 100 人が、薬
剤 A の効かない人で、実験群と対照群の差は全く出ないかもしれない。

　そして、「200 人選び、実験群と対照群に分け、血圧変化の差を比べ
る」という作業を限りなく繰り返した結果を数学的に表し、実験群と対
照群の間に違いはないと仮定した時に、研究で得られた結果かそれ以上
に極端な値 (大きいか、小さい) の得られる確率を与えてくれるのが、
統計検定である。

3-4-3
統計的有意差を生み出すための QRP

　グラフであれ、表であれ、文章の一部であれ、データが数字で示される
と、それを客観的なもの、真実を伝えるものと思ってしまう人は多い。しか
し、数字は真実を伝える道具にも、ウソを信じ込ませる道具にもなる。正し
い方法で採られたデータは、真実あるいは真実に近いものを私たちに教えて
くれる。一方、間違った方法で採られたデータは単なるゴミか (知識不足に
よる場合)、巧妙なウソである (故意に行われた場合)。

　数字でウソをつくのは簡単だ。データ採取の方法や解析方法をちょっとご
まかして、それを秘密にしておけばいい。統計的有意差を作り出すのは、そ
うむずかしいことではない。これから紹介する方法をいくつか組み合わせれ
ば、ほぼ確実に有意差を出すことすらできる (Simmons 他, 2011)。

　さて、どのような方法があり、どのくらい使われているのか、心理学分野
で調べた結果を紹介しよう (John 他, 2012; 表 3.6 (次ページ))。まずは、表
に示した研究行為、特に 1〜7 にざっと目を通してほしい。自分でデータを

表 **3.6**　心理学者へのアンケート調査結果。以下の行為を行ったことがあると答えた研究者の割合 (%)。刺激策群：正直に答えるためのインセンティブ (刺激策) を与えられたグループ。対照群：そのようなインセンティブを与えられなかったグループ。

	研究行為（手口）	対照群	刺激策群	弁護可能性
1	従属変数を複数の尺度で測るが、その全部を論文で報告するということはしない	63.4	66.5	1.84
2	もっとデータをとるかは、結果が有意であるか否かをチェックしてから決める	55.9	58.0	1.79
3	論文では、研究で用いた処理条件のすべてを報告するということはしない	27.7	27.4	1.77
4	望んでいた結果が得られたときは、当初計画していたより早くデータ採取を終了する	15.6	22.5	1.76
5	論文では、p値の端数を切り捨てる（例えば、p=0.054をp<0.05とする）	22.0	23.3	1.68
6	「上手くいった」研究を、選択的に論文で報告する	45.8	50.0	1.66
7	データ点を除外するかどうかは、除外した場合どう結果に影響するかを見てから決める	38.2	43.4	1.61
8	論文では、偶然見つけた発見を、最初から予測していたかのように報告する	27.0	35.0	1.50
9	論文では、結果は性別などのさまざまな人口統計学的変数に影響されないと主張する。本当はそれがわかっていなくても（あるいは、影響するとわかっていても。）	3.0	4.5	1.32
10	データを改ざんする	0.6	1.7	0.16

John 他 2012 , Table 1 の一部を転載。

とって解析したことのある人なら、「なるほどね、これなら有意差が出ないはずがないよね」と思うのではないだろうか。

　1,3,6 の方法は、いろいろデータをとってみて、自分の主張を裏付けてくれるような有意差の出た結果だけを論文に載せる、というものだ。他もいろいろ調べたことは、当然のことながら隠す。2 と 4 は、ちょこちょこと頻繁に統計検定をして、有意差が出たところでデータ採取をやめる、という方法。有意差が出るまでは被験者や試料を増やして調べ続け、有意差が出たところでストップする。5 は、p の値 (コラム 3.5 参照) の報告のごまかし。7 は、特定のデータ点を結果に含めるかどうかを、それを含んだ場合と含まない場合の統計解析結果によって決めるというものだ。含めると有意差なし、含めないと有意差ありなら、そのデータ点は除外する。

　これらの方法では、とにかく有意差の出たものしか報告しないか、あるいは、有意差が出るように手を加えている。有意差の出ないほうが、不思議である。

そして、これらの方法を使ったことがあると答えた心理学者の割合を示したのが、表の3～4列目である。対照群の人々には、「回答して下さった場合には、あなたの代わりにチャリティに寄付をします」と伝えた。より正直な回答を得るための刺激策群の人々には、「回答して下さった場合には、この5つのチャリティのうちあなたのお好きなものに、あなたに代わって寄付をします。金額はどれだけ正直にお答え下さったかに応じたものになります」と伝えた。期待どおり、刺激策群のほうが、各行為を行ったことがあると認めた人の割合は高い傾向にある。

驚かされるのは、それぞれの方法を使ったことのある研究者の割合の高さである。科学研究の信頼性という点から見れば、1から7は、完全に黒の研究行為である。それを少なくとも15%、多いものでは60%以上の人がやったことがあると答えている。

さらに驚くのは、一番右の列の数字である。この数字は、各方法を使ったことがあると答えた研究者に、その行為を正当化できるかどうかたずねた結果である。0＝できない、1＝たぶんできる、2＝できる、で答えてもらい、平均をとった。1～7の方法のどれもかなり2に近い。つまり、「たぶんできる」と「できる」の間、それも「できる」寄りである。残念ながら、研究の信頼性、研究結果の信憑性をそこねるようなQRPを、そうと自覚することなくやっている研究者が結構いる、と結論せざるを得ないようだ。

3-5

下降効果：華々しい結果が時とともに消えていく

QRPと関連して再注目されたのが、下降効果 (decline effect) とよばれる現象である。科学的発見の根拠となる証拠が、確認研究を繰り返せば繰り返すほど小さくなって消えていくという現象で、もともとは超常現象・サイキック現象を扱う超心理学分野で報告された (Lehrer, 2010; Schooler, 2011)。サイキック、超心理学と聞いて、「なんだ、科学とは言えない分野ではないか」と思った読者もいたかも知れない。しかし、今や、下降効果は、

心理学、医学、生態学、行動学など、私たちが通常「科学」とみなす幅広い
分野から報告されている。

　例えば、図 3.7A は、ある遺伝子とアルコール依存症との関連を調べた複
数の論文の結果を示したものだ (Munafò 他, 2007; Brembs 他, 2013)。ア
ルコール依存症と診断された人々(実験群) と一般の人々(対照群) のそれぞ
れ何 % がこの遺伝子をもっているかを調べ、その比 (実験群/対照群) を対
数で表したのが、縦軸の効果量だ。依存症の人々で見つかる率が一般に比べ
て高ければ高いほど、効果量は大きくなる。横軸は各論文の発表年を、円の
大きさは、論文の発表された雑誌のインパクト・ファクターを表している。

　まず、見てほしいのは効果量と論文発表年との関係である。この遺伝子
とアルコール依存症との関連を最初に報告した論文の効果量は非常に大き
い。しかし、その後の確認研究では効果量は徐々に減っていき、縦軸の目盛
り 0、つまり実験群と対照群の差なしに近づいている。円の大きさにも注目
しよう。大きな効果量を報告した最初の論文は、大きな円、つまり、インパ
クト・ファクターの高い雑誌に載っている。その後しばらくの間に発表され
た論文も、高インパクト・ファクター誌に載っているが、効果量は最初の報
告よりずっと小さい。さらにその後の「効果は大してありませんでした」と
いうネガティブな結果の論文が載っているのは、インパクト・ファクターの
ずっと低い雑誌 (小さな円) である。

　そして、今見たのが、下降効果で一般的に見られるパターンである。み
んながあっと驚くような効果を示す研究結果が、まず、インパクト・ファク
ターの高い雑誌に発表される。その後しばらくは、最初の研究結果を支持す
るような論文が発表される。しかし、そのうち、当初の結果を確認できな
かった研究、確認はできたものの効果の度合いはずっと小さいことを示す研
究が現れる。これらネガティブな結果は、よりインパクト・ファクター値の
低い雑誌に発表される。

　このような下降効果がなぜ起こるのか。主な要因として挙げられているの
は、「平均への回帰」という統計的現象、出版社や編集者が新奇性の高い研
究や有意差のある研究結果を好んで掲載することで起こる偏り (出版バイア

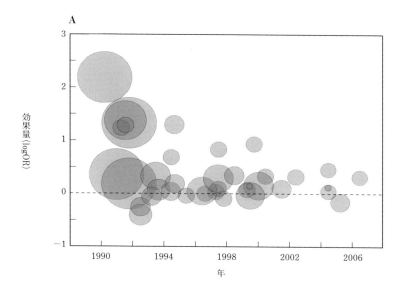

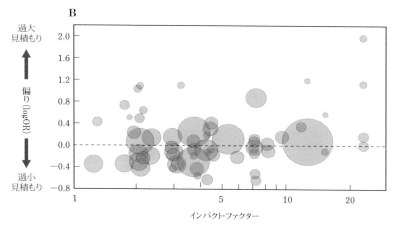

図 **3.7** 下降効果とインパクト・ファクター。
A：論文の発表年と報告された効果量、および論文の載った雑誌のインパクト・ファクターとの関係。円の大きさはインパクト・ファクター値を表す。
B：報告結果の偏りとインパクト・ファクター、および各研究のサンプル・サイズとの関係。円の大きさはサンプル・サイズを表す。(A：Brembs 他 2013, Fig.1B を転載; B: Brembs 他 2013, Fig.1C を転載)

ス)、そして、さまざまな QRP を駆使した著者による結果の選択的報告である (Lehrer, 2010)。

「平均への回帰」は、同じ被験者で測定を繰り返すと、最初の測定値が集団の平均よりずっと高かったり低かったりした人の測定値は、2 回目には1 回目より集団の平均に近くなる、という現象である (横山・田中, 1997; Barnett 他, 2005)。血圧やコレステロール値など、個体内の変動が大きい変数を測定している場合によく起こる。一回目の測定で血圧が高かったり低かったりした人の中には、たまたま高かったり低かったりした人も含まれている。たまたまが 2 度繰り返されることは少ないので、この人たちの血圧をもう一度測定すれば、たまたま高めだった人の血圧は前より低くなり、たまたま低かった人の血圧は前より高くなる、というわけだ。

下降効果との関連で言えば、最初の報告の大きな効果量は、たまたま得られた極端なもので、その後の研究でもそのたまたまが起こる確率は低いので、最初のような大きな効果量は得られない、という議論である。しかし、これだけでは、図 3.7A に示されたような効果量が時とともに徐々に減っていくというパターンは説明できない。そこで、登場するのが、著者による結果の選択的報告と出版社や編集者による出版バイアスである。実際に起こっているのは、次のようなシナリオだろう。

たまたま得られた効果量の大きな結果を選んで、著者が論文にまとめる。新奇性・話題性を特に優遇する高インパクト・ファクター誌がこれを掲載する。話題性を欠くその後の結果は高インパクト・ファクター誌には好まれず、よりインパクト・ファクターの低い雑誌に発表される。発見した効果が小さくなればなるほど、その論文を載せてくれる雑誌のインパクト・ファクターは低いものになる。

ここで見えてくる問題は、たまたま得られた偏った結果、つまり、信憑性の低い結果が、よりインパクト・ファクターの高い雑誌に掲載される可能性が結構あるということだ。図 3.7A とは違う方法でこのことを表したのが、図 3.7B である。

この図は、ある遺伝子と不安に関する人格的特徴との関連を調べた複数の

論文の結果を示したものだ (Munafò 他, 2009; Brembs 他, 2013)。縦軸は各論文で報告された効果量が、全論文の平均 (縦軸の目盛り 0 のライン、真の効果量の推定値) からどれだけ偏っているかを表している。横軸は論文の掲載された雑誌のインパクト・ファクター値。そして、円の大きさは各論文のサンプルサイズ (各論文で調査した被験者の数) である。

まず見てほしいのは、ゼロラインからの距離 (真の効果量の推定値からの偏り) とサンプルサイズ (円の大きさ) の関係である。縦軸のゼロラインから大きく偏った結果が出やすいのは、サンプルサイズの小さい研究 (小さな円) である。実際、サンプルサイズが小さいほど、偶然の影響は出やすくなる。例えば、「サイコロをいくつか振って出た目の平均を計算する」ということを考えてみよう。サイコロが 2 個なら、6–6 と出て平均が 6 になる確率は $1/6 \times 1/6 = 1/36 = 0.027$。100 回に 2～3 回はこの結果が出る。しかし、サイコロが 5 個となると、そのすべての目が 6 になる確率は、$1/6 \times 1/6 \times 1/6 \times 1/6 \times 1/6 = 1/7776 = 0.0001$。2 とか 5 とか、6 以外の目も出るのがふつうで、平均は 6 より低くなる。つまり、サンプルサイズが大きくなるにつれて、極端な平均値 6 になる確率は減っていく。

サンプルサイズが小さいほど、偶然の影響が出やすいことがわかったところで、図 3.7B に戻ろう。全体の平均から最も遠い、つまり偏りが最も大きいのは、図右方の高インパクト・ファクター誌に載った論文である。そして、そのサンプルサイズは小さい。小さいサンプルサイズで偶然得られた、偏った (しかし、人眼を引く) 結果が、高インパクト・ファクター誌に載っているのが見て取れる。

もちろん、すべての研究テーマでここで述べたような下降効果が報告されているわけではないし、高インパクト・ファクター誌に載ったすべての論文のサンプルサイズが小さくて、その結果が偏っているというわけでもない。重要なのは、高インパクト・ファクター誌には新規性や大きな効果量を好む傾向があり、QRP を駆使して故意に作られた大きな効果量の報告やオネスト・エラーによる大きな効果量の報告 (例えば、小さなサンプルサイズのせいで偶然得られたかもしれないという可能性を十分吟味せずに発表する)

が、紛れ込む余地がかなりあるということだ。

　幾度も述べてきているように、高インパクト・ファクター誌に載った論文だから、科学的に優れた論文であるとは限らない。故意に選ばれた結果やたまたま得られた結果など、信憑性の低いものも紛れている。

　ついでに言っておくと科学関連のニュース記事も要注意である。高インパクト・ファクター誌に載った、皆があっと驚くような研究は記事になるが、その後、その研究に下降効果が起こったとしても、それが記事になることは稀である (Gonon 他, 2012)。

　間違っていたことが後々判明するような結果でも、それが高インパクト・ファクター誌に載れば、新聞はそれを取り上げ宣伝する。しかし、ほとんどの場合、追跡調査や追加報告をすることはない。

　ちなみに、今引用した論文のタイトルは、「なぜ新聞で反響をよんだ生物医学の発見のほとんどが (その後) 間違っていたと判明するのか：ADHD (注意欠陥多動性障害) の場合」である。

┌─ 3-6 ─────────────────────────

白、それともグレイ

　研究不正ではないし、QRP とよぶにもグレイ度が低いが、論文の数を増やすために、そして高インパクト・ファクター誌に論文を載せるために、科学者たちの行っている、「それでいいのかなあ」という行為を紹介しておこう。長年にわたって学術誌の編集委員を務めたケンブリッジ大学の発生生物学者ピーター・ローレンス博士の論説記事 (Lawrence, 2003, 2007) のまとめである。私自身の観察や経験とも合致する。

　もちろん、すべての科学者がこれらを行っているわけではない。しかし、その傾向は強まっているし、これらの行為を良しとしない、より誠実な人々が不利な立場に追い込まれているのは確かだろう。

研究テーマの選択

1.　誰もやっていないような新しいことには挑戦しない

　新しいことへの挑戦はリスクを伴う。結果はすぐには出ないから、なかな
か、論文としてまとめるところまでいかない。論文にまで仕上げたとして
も、その重要性を理解する能力を備えた編集委員や査読者がどれだけいるか
は疑問である。「高インパクト・ファクター誌に素早く論文を出す」という
点からは、マイナスだらけである。

2.　流行りのテーマを選ぶ

　上の1と逆の戦略である。流行りのテーマは、編集者たち、特に高インパ
クト・ファクター誌の編集者が好んで掲載するので、論文になりやすい。上
手いこと高インパクト・ファクター誌に論文が載れば、より多くの人に読ん
でもらえ、名前も覚えてもらえる。

3.　研究テーマを医学にこじつける

　他の科学分野に比べ医学分野は大きいので、自分の研究テーマがどんなも
のであれ、それが医学と関連があるかのようにこじつけることができれば、
論文になりやすいし、高インパクト・ファクター誌にも載りやすい。

4.　よく使われている種を選んで研究する

　流行りのテーマと同様に、多くの研究者が研究している種に関する論文は
引用されやすく、編集者に好まれる。ヒトに関する流行りのテーマの研究を
するのが一番である。

　話は少しずれるが、先日同僚 (コラム 3.7 に登場する同僚とは、また別の
同僚) と飲んでいたら、この4とは逆の戦略もあり、ということに気づかさ
れた。

　話題になった戦略は、「モデル生物とよばれる世界中の人々が研究してい
るような生物種は避ける。そして、超一流の学術誌も避ける」というもの
だ。データに小細工をしたかったら、これはなかなか良い戦略である。

　非常に多くの人々が研究している種を使う場合、下手な小細工をすれば、
すぐに誰かがその小細工に気づく。超一流誌に載ったらなおさらである。た
くさんの人が確認実験を試みるので、遅かれ早かれ嘘はばれる。しかし、研
究している人が少ない種であれば、早々に誰かが気づくということはない。
一流誌を避ければなおさらである。論文への注目度が低く、確認実験をしよ

うとする人も現れない。結果、小細工もばれない。

発表戦略

1.　インパクト・ファクターの梯子を上から下へ降りる

　インパクト・ファクターの低い専門誌ではなく、インパクト・ファクターの高い総合誌への発表を目指す。まずは、*Nature* や *Science* などのインパクト・ファクターの非常に高い雑誌に投稿し、ダメだったら次にインパクト・ファクターの高い雑誌に投稿する。これもダメだったら、その次にインパクト・ファクターの高い雑誌に投稿する。掲載を認めてくれる雑誌に出あうまで、これを繰り返す。時間とエネルギーの無駄もいいところだが、上手く高インパクト・ファクター誌に載った場合の、見返りは非常に大きい。

2.　お互いの論文に名前を載せ合う

　論文の内容をほとんど知らない人が著者に含まれるという状況は、今では「それが標準」と言えるほど、ごくごく普通に見られる。試薬をくれた人、機器を使わせてくれた人などを、お礼に著者に含め、これを研究者間、研究室間で行う。

3.　研究室の若手研究者の論文に自身の名をつけ加える

　若手研究者が自ら考案し、実行し、まとめた論文であっても、研究室の長は自分の名前をつけ加える。研究室が大きくなればなるほど、つまり、若手研究者の数が増え、それぞれの研究の詳細を研究室長が知る機会が減れば減るほど、逆に、論文の数は増える。

4.　結果を複数の論文に分ける (サラミ・サイエンス)

　サラミ・ソーセージを薄く切るように、1 つにまとめて発表した方が良い研究結果をいくつかに分けて発表する。論文は一本より 2 本のほうが、研究業績リストの見栄えはよくなる。

5.　とにかく素早く投稿する

　一本の論文になりそうな分のデータが集まったら、研究の途中でもいいので、できるだけ早く発表する。結論が間違っていて、次の論文が前の論文の訂正になっても構わない。2 本の論文は 1 本に優る。

6.　誇大表現を使う

　人目をひくようなキャッチ・フレーズを使い、関心を引き付ける。

7.　手法はわかりにくく、結果はわかりやすく書く

　方法は複雑にわかりにくく書き、査読者が研究の問題点を指摘するのをむずかしくする。結果は分かりやすい単純なものにして、印象づける。

集団力学

1.　研究グループを大きくする

　自分の研究室をもったなら、研究室を大きくし、若手研究者や学生の数を増やす。そして、彼らの論文すべてに自分の名前を加える。個々の若手研究者や学生を指導する時間は減るが、論文数は増える。学生は教育を受けるというよりは、テクニシャンとして使われるようになる。

2.　ボスが論文を書く

　若手が自分で書けるようになるよう教育する時間的余裕はないので、学生やポストドクの行った研究でも、研究室のボスが論文を書く。実験の詳細を知らないボスが論文を書くことで、結果を単純化するのが容易になる。

3.　顔を売る

　たくさんの学会に出席し、講演をしてまわり、仲間 (= 将来の査読者) を作り、編者委員と知り合いになる。

　さて、研究不正、さまざまな QRP、そして今述べたような行為が横行する世界では、どのような研究者が生き残るのだろうか。おそらく、謙虚でやさしい人より、攻撃的で強引な人である。そして全体としてみれば、より攻撃性が低いのは女性である。つまり、現在の科学の世界は、謙虚な男性と女性に不利な世界である (Lawrence, 2006)。

　そして、これは筆者のはだ感覚なのだが、自分の興味のある研究を納得のいくまでやりたいという真摯な研究者の卵たちの多くは、インパクト・ファクター症候群に毒された学術界の現状を知った時点で、自主的に戦線離脱しているのではないだろうか。『博士漂流時代』や『嘘と絶望の生命科学』を

書かれた榎木英介さんは、東京大学理学部大学院の博士課程を中退し、神戸大学の医学部に学士編入しているが、彼のような人は少なくないと思う。筆者がアメリカから帰国して 16 年。数多くの学生に出会ってきたが、その中で最も科学者としてのポテンシャルが高いと感じた 2 人の学生 (女性) は、東大の修士課程まで行ったが博士課程には進学しなかった。そのうちの 1 人に理由をたずねてみたのだが、答えは「研究室の誰も幸せに見えなかった」だった。

《コラム 3.7》英文論文を書かなくても大学の理系教員になれる !? かも…

前節中の「集団力学 2 : ボスが論文を書く」(p.125) のところで、先日大学の同僚から聞いた話を思い出した。主役は、外国でポスト・ドク (博士号取得後の研究員) をしている日本人研究者である。

件の研究者は、超一流の科学誌に掲載された素晴らしい英文論文の筆頭著者 (第一著者、論文に書かれた研究に最も貢献した人) で、同僚は、かねてより是非会って話をしたいと思っていたそうだ。しかし、国際学会で実際に会ってみるとどうだろう。その人は、全く英語のできない人だった。

一瞬「えっ!」となるが、種を明かせば、そう込み入った話でもない。その人は外国の著名な研究者に、ポスト・ドク研究員として雇われた。そこでボスから与えられた課題、あるいは自ら考えた課題の研究をした。研究結果はボスに渡され、ボスが論文にまとめ上げた。といったところだろう。

筆頭著者になっているからには、この研究者は科学研究の面ではそれだけの貢献をしたのだろう。そして、科学者としての能力 = 英語の能力でもない。しかし、1 つの可能性がふと浮かんだ。

日本で有名な先生につき、先生のつてで、海外の有名な学者の研究室に入ったなら、研究をしているだけで、つまり自分では一本も論文を書かなくても (最悪の場合、書けなくても)、高インパクト・ファクター誌の論文の筆頭著者になれちゃうなあ。そして、大学の先生にもなれちゃ

うなあ。後は、国際共同研究で英語のできる人と組めばいいし。

　最近では、全くありえない話でもなさそうだが、どうだろう。

3-7
科学研究の再現性の危機

　「とにかく、できるだけ沢山の論文を、できるだけインパクト・ファクターの高い雑誌に」という掛け声のもと、不正やグレイな研究行為に手を染めたり、グレイとは見なされないまでもずさんな研究をしたりする人々が増えてくれば、その先に待っているのは、再現性のとれない研究論文の増加だろう。そして、これこそ正に 2010 年を回ったあたりから顕在化してきたものだ。

　論文に発表された研究結果は、他の研究者の追試により、それが再現され確認されることで、その信頼性を高めていく。追試という試練に耐えなかった研究結果は、その信頼性を失い、消えていく。このように、再現性は、科学が自己修正を繰り返しながら健全に発展していくために、欠くことのできないものだ。しかし、この再現性が危機に瀕していることを示すデータが、10 年程前から表に出始めた。1990 年前後にインパクト・ファクター偏重主義が始まってから、20 年あまり後。そろそろ影響が出てきて当然、という時期である。

　再現性のとれない研究が学術論文の多くを占めていることは、まず創薬会社やバイオテクノロジー企業の研究者によって、次に心理学者のグループによって明らかにされた。

　2011 年、製薬会社バイエルの研究チームは、追試を試みた 67 の学術論文 (47 はがん生物学分野) のうち、20〜25% しか再現できなかったと報告した (Prinz 他, 2011)。続く 2012 年、米国のバイオテクノロジー企業アムジェンの研究者たちが、「画期的」と評価されていたがん生物学分野の学術論文 53 本の追試を試みた。論文に書かれていた結果が再現できたのは、たった 6 論文、全体の 11% だった (Begley & Ellis, 2012)。

　心理学分野では、世界中の研究者 270 名がチームを作り、主要学術誌 3
誌に 2008 年に掲載された論文 98 本の再現性の調査を、2011 年にスター
トさせた。調査結果は 2015 年に論文として発表されたが、調査した論文の
うち、再現性が認められたと判断されたのは約 40% だった (Open Science
Collaboration, 2015)。

　このような流れを受けてだろうか。2016 年 *Nature* 誌は、読者を対象に
再現性に関するアンケート調査を行った (Baker, 2016)。回答を寄せた科学
者は 1576 人である。

　「再現性の危機はあるか」という問いには、回答者の 52% が重大な危機が
あると答えている。軽度の危機があると答えたのが 38%。危機はないと答
えた科学者は、3%。残り 7% はわからないと答えた。このアンケートでは、
再現性についての調査であることを明記した上で参加をよびかけたので、回
答者がより再現性に危機感を抱いている研究者に偏っている可能性は否定で
きない。しかし、少なくとも一部の科学者は、非常に大きな危機感を抱いて
いるとはいえるだろう。

　他の研究者の実験結果を再現できなかった経験はあるかという問いには、
分野による差はあるものの、60～85% が「ある」と答えている。自分自身
の研究結果を再現できなかった経験のある研究者も、全体の半数以上である
(図 3.8A)。

　なかなか高い数値だが、これだけでは、再現性のなさが、不正やずさんな
研究行為のせいであるとは言い切れない。実験結果は、実験を行った季節や
時間、研究室の温度や湿度、試薬などのわずかな違いに影響されるからだ。
全く同じ条件で行ったと思っていても、実験者の察知できなかった微妙な条
件の違いによって、実験結果が異なってくることは大いに考えられる。ま
た、特別な専門技能をなくしては再現できない実験もある。

　しかし、科学者たち自身は、実験環境や条件の微妙な違いや専門技能の欠
如よりも、基本的な科学的方法の無視や軽視がより大きな原因と考えている
ようだ。それを示しているのが、図 3.8B と図 3.9 (p.130) である。

　図 3.8B は、*Nature* 誌の 2016 年のアンケートのつづきで、さまざまな要

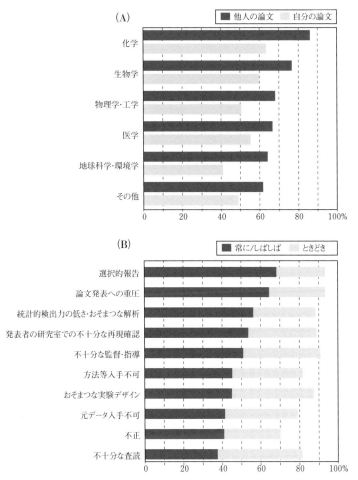

図 **3.8** 再現性についての 2016 年 *Nature* 読者アンケート結果。(A) 他人あるいは自分の実験結果の再現に失敗した経験がある、と答えた研究者の割合 (%)、(B) 以下の要因は再現性のなさに影響しているか、という問いに、「常に／しばしば影響している」あるいは「時々影響している」と答えた研究者の割合 (%)。(Baker(2016) の図を転載)

因について、それが再現性の欠如にどれくらい頻繁に影響していると思うかをたずねたものだ。図 3.9 は、*Nature* 誌が 2017 年に発表した似たようなアンケートの結果である (Nature, 2017)。特殊技能や試薬の不安定性・ば

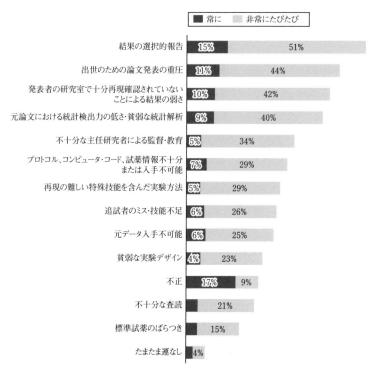

図 **3.9** 再現性の欠如をもたらす要因に関する 2017 年 *Nature* アンケート結果。(Nature (2017) の図を転載)

らつき (同じ試薬を同じ会社から買ったとしても、試薬のばらつきは常にある) といった要因も再現性に影響することが指摘されたのだろう。これらの項目が加えられている。回答したのは 480 人で、その 87% が欧米の研究者である。

　再現性のなさに頻繁に影響していると科学者が考える要因のトップ・ファイブは、選択的報告、論文発表への重圧、統計的検出力の低さ・おそまつな解析、発表者の研究室での不十分な再現性確認、不十分な監督・指導である。これらは、多少の順位の変動はあるものの、2 つのアンケートで共通している。特殊技能の必要性、追試者の技能不足、試薬の不安定性・ばらつきも要因ではあるが、科学的研究や教育の基本の無視・軽視に相当するトッ

プ・ファイブには及ばない。科学のプロフェッショナリズムに欠けた、ずさんな研究、ずさんな教育姿勢が、再現性の低下に少なからず貢献しているといえるだろう。

3-8
インパクト・ファクターの落とし子：
世界大学ランキング

　この章の最後に、インパクト・ファクターの落とし子、つまり、インパクト・ファクターが既に存在していたことで誕生した「世界大学ランキング」について、お話ししておこう。

　世界大学ランキングも、インパクト・ファクター同様、それがいつの日かとんでもない影響力をもつものになる、などということは全く予測されることなく作られた。しかし、今や、それは、インパクト・ファクター偏重の傾向を国レベル、世界レベルにまで広げる原動力となるとともに、世界中の国々の高等教育の在り方そのものを左右するほどの強い影響力をもつまでになっている (Moustafa, 2014; ヘイゼルコーン, 2018; 石川, 20167)。

3-8-1
世界大学ランキングの誕生

　世界初の世界大学ランキングは、2003 年に上海交通大学が作った「世界大学学術ランキング」(Academic Ranking of World Universities, ARWU)である (ヘイゼルコーン, 2018)。その目的は、中国国内の大学が世界全体の大学の中でどういう位置を占めているかを把握することだった。当時中国政府は、国内の大学を世界クラスに押し上げることを考えていて、その第一歩として上海交通大学に現状の把握を依頼したようである。つまり、この最初のランキングには、世界中の大学を序列化し、格付けするという、現在見られるような目的はなかった。

　しかし、最初に作られたランキングの目的が何であれ、それが発表されると、「世界大学ランキング」を大学の格付けに使うことに意義を見出す人々

が次々と現れた。今では複数の大学や私的教育研究機関がランキングを作って発表している (渡部, 2012)。

3-8-2
世界大学ランキングは何を測っているのか

　私たちは、とにかくランキングというものに弱い。それがどんな基準にもとづいて作られているかは気にもとめないくせに、発表された順位そのものには一喜一憂する。どんな方法で決められたにせよ、「一番は嬉しくて、ビリは嫌」というわけだ。

　マス・メディアも政策担当者も大して変わらない。世界大学ランキングで東大や京大が何位順位を下げただの上げただの、100位以内の日本の大学の数が増えただの減っただのは、毎年大きなニュースになる。下がったり減ったりすれば日本の科学力・競争力をもっと強める政策をとらねばとなり、上がったり増えたりすれば、今の政策は上手く行っているとほっと胸をなでおろす。

　しかし、そもそも世界大学ランキングなるものは、何のランキングなのだろうか。「良い大学」という言葉がぼんやりと浮かぶが、良い大学とは具体的にどういう大学なのだろうか。そして、それは、何によって測られるのだろうか。

　なにを細かいこと言ってるんだと叱られそうだが、今挙げた疑問は、とても重要な疑問である。まず、大学の「何」のランキングなのかを知らなければ、話は始まらない。意地悪く極端な例を挙げれば、ただ「ランキング」というだけでは、学生1人当たりの食堂の床面積のランキングかもしれないし、学生の通学時間の短さのランキングかもしれない。あるいは、授業料の安さのランキング、単位の取りやすさのランキングかもしれない。教職員の離職率のランキングだって考えられる。とにかく、単に世界大学ランキングと聞かされただけでは、何のランキングかはわからない。

　さて、ここで一歩譲って、「世界大学ランキングは良い大学のランキング」だとしてみよう。まずしなければならないのは、良い大学とは何かを考え、それを定義することだ。

学生にとっての良い大学とは、おそらく、自分を人として大きく成長させるとともに、卒業後の社会で生き抜いていくための知識や技能をきちんと身につけさせてくれる大学だろう。保護者の方々にとっても、そうだろう。大学は、わが子を成長させる教育の場である。しかし、大学には世界における自国の競争力を高めていく、研究という責務もある。この視点に立てば、良い大学とは、世界をリードするような最先端の研究を推し進めている大学となる。そして、教育面と研究面の両方を合わせれば、良い大学とは、卒業後の社会で活躍するための知識、技能、人間性を備えた学生を育てるとともに、世界レベルの研究も行っている大学、となる。

次に考えなくてはならないのが、上で定義した良い大学であるかどうかを知るにはどうすればいいか、何を測ればいいか、という問題である。学生がどれだけの幅広い知識や技能をどれだけ身に付けたかを知るには、何を測ればいいのだろう。ましてや、入学してきた学生が、在学中どれだけ人間として成長したかを、どう測ればいいのだろう。研究業績にしても、きちんと測るには、どんな尺度を使えばいいのだろう。インパクト・ファクターや論文の被引用回数といった尺度を使うことの問題点は、すでに指摘してきたとおりだ。

ランキングを作成するには、このようにじっくりと慎重に考えることが必要なのだが、現在の世界大学ランキングのどれほどが、この「慎重に考える」というプロセスを踏んでいるのだろうか。

結論から言ってしまえば、発表されている世界大学ランキングのほとんどは、「ひとまず測れるものを測った」、「数字になりやすいもの、数字になっているものを集めた」といった類のかなりいいかげんなものだ。当然、問題だらけである。

まず、使われている指標は、大学本来の使命である教育と研究の両面を正当に反映したものではなく、大きく研究に偏っている。例えば、表3.7 (次ページ) に示したのは、最も代表的な3つの世界大学ランキングに用いられている評価指標とそれぞれのパーセント割合である。網掛けをしたのが確実に研究関連と考えられる項目なのだが、その合計は、3つすべてのランキン

表 **3.7**　代表的な 3 つの世界大学ランキングの評価指標。

1. THE (Times Higher Education, タイムズ・ハイヤー・エデュケーション)

項目	指標内訳	比率(%)	合計(%)
教育	教育に関する研究者評判調査	15.00	
	教員数に対する学生数の比率	4.50	
	学士号授与数に対する博士号授与数の比率	2.25	
	教員1人当たりの博士号授与数	6.00	
	教員1人当たりの大学の収入	2.25	30.0
研究	研究に関する研究者評判調査	18.00	
	教員・研究者1人当たりの研究費収入	6.00	
	教員・研究者1人当たりのScopus*に掲載された論文	6.00	30.0
論文被引用数	1論文当たりの被引用数		30.0
国際性	外国人学生の比率	2.50	
	外国人研究者比率	2.50	
	国際共著論文比率	2.50	7.5
産学連携収入	教員・研究者1人当たりの産業界からの研究費収入	2.50	2.5

2. QS (Quacquarelli Symonds, クアクアレリ・シモンズ社)

項目	比率(%)
研究者評判	40
雇用者評判	10
教員/学生比率	20
教員1人当たりの論文被引用数	20
外国人教員比率	5
外国人学生比率	5

3. ARWU（Academic Ranking of World Universities, 上海交通大学)

項目	比率(%)
ノーベル賞またはフィールズ賞を受賞した卒業生の数	10
ノーベル賞またはフィールズ賞を受賞した教員の数	20
クラリベイト・アナリティクス社選出の高被引用率論文著者数	20
NatureとScience掲載論文数	20
クラリベイト・アナリティクス社Science Citation Indexに載った論文数	20
教員1人当たりの実績(各指標のスコアの合計/教員数)	10

1 と 2：2019 年 4 月 7 日時点での各ランキングの HP の記述にもとづき作成。
https://www.timeshighereducation.com/world-university-rankings/
2019/world-ranking; https://www.topuniversities.com/qs-world-
university-rankings/methodology.
3：2019 年 4 月 7 日時点でのランキングの HP
(http://www.shanghairanking.com/aboutarwu.hlml) および、藤井 2018
のデータにもとづき作成。

* Scopus (スコーパス) は、エルゼビア社が提供する引用文献データベースである。
** クラリベイト・アナリティクス社は、各学術誌のインパクト・ファクターを発表するだけではなく、さまざまな分野における高被引用論文著者リスト、つまり論文の被引用回数の高い研究者のリストを発表している。

グで 60% 以上、元祖上海交通大学の世界学術ランキングに至っては 80% である。

　次が、研究面の評価方法である。そこで大幅に使われているのは、「それによって研究者の業績を適切に評価できるのか」と本書が疑義を呈している、論文数、論文の被引用回数、論文の被引用回数の多い研究者数 (高被引用率著者数) などである。

　最もひどいのが教育の評価方法だ。それこそ「ひとまず測れるものを測った」としか言いようがない。確かに、大学の提供する教育の「質」、つまり、入学してきた学生が、卒業時までにどのような教養や技能をどれだけ身に付け、人としてまた専門家としてどれだけ成長したかを、数値で表すのは非常に難しい。しかし、教員 1 人当たりの学生数、教員 1 人当たりの博士号授与数といった表面的な数字だけで、教育の質を測れるとも思えない。

　最後に、一部のランキングに含まれる評判調査も、それを客観的とみなしていいものかどうか、かなり疑問である。例えば、THE (タイムズ・ハイヤー・エデュケーション) の評価項目に含まれる評判調査では、大学の教育や研究のレベルを、仲間の研究者へのアンケート結果で判断しているのだが、研究者が先に述べたマタイ効果から逃れられないという重大な可能性を忘れている。アンケート回答者が、「ケンブリッジ大学は良い大学と言われているから、その教育も素晴らしいだろう」、「ケンブリッジ大学は世界レベルの大学と言われてから、その研究も世界レベルだろう」的な考えに囚われないと考えるのは、世間知らずというものだ。

3-8-3
世界大学ランキングの影響

　　ランキングに問題が多いことは大して重要でない。本当に重要
　なのは、ランキングに強い影響力があることなのだ (Locke, 2011,
　pp.26, in ヘイゼルコーン, 2018)。

　世界大学ランキングの評価システムには問題が多いのだが、もっと問題なのは、ランキングが強い影響力をもっていることだ。いいかげんなランキングだからと皆がそっぽを向くのであれば、どんなひどいランキングでも構うことはない。いいかげんなランキングが問題となるのは、それが強い影響力

をもったときだ。そして、それこそ、まさに、世界初の世界大学ランキング
が発表されて以来、世界中で起こっていることだ。

　もとをただせば「数字になりやすい、数えやすい」というだけの安易な理
由で選ばれた評価項目が、今や、大学が特に強化すべき重要項目に変身を遂
げている。

　　　大学のランキングを上げるためには、教育ではなく、評価の 60%
　　以上を占める研究に力を注ぐべきである。研究業績は、その内容に
　　よってではなく論文数や被引用回数で測られるので、ランキングを
　　上げるためには、まずはこれらの数を上げるよう努力すべきであ
　　る。ランキングのアップには、論文を Nature や Science へ載せる
　　ことも重要だ。できるだけ多くの論文をこれらの雑誌に載せるよう
　　努力すべきである。文系より理系の方が論文数や被引用回数を稼ぎ
　　やすいので、文系を減らすのもいいアイデアかもしれない。文系を
　　なくせば、大学ランキングは確実に上がるだろう。

　このような考えが闊歩するようになった。つまり、論文数や被引用回数を
重要評価項目とする世界大学ランキングの登場によって、これらを偏重する
傾向はますます強まり、ついには、大学の方針そのものに大きく影響するよ
うになったのだ。

　今や、大学にとって世界大学ランキングの上位に入ること、そして、国に
とってできるだけ多くの自国の大学をランキング上位に入れることは、国
家的威信に関わる一大事となった。そして、多くの国が「〇〇以内に、〇〇
校を上位〇〇位に入れる」といった目標をかかげ (石川, 2016)、その掛け声
のもと、各国の大学はさまざまな方策をとってきている。その中には、高イ
ンパクト・ファクター誌に論文を載せた研究者に現金のボーナスを出す、世
界的に著名な学者の評判を金で買う、といったにわかに信じがたいものもあ
る。次の 2 つの小節で紹介しよう。

3-8-4
キャッシュ・ボーナスを出す大学

　国あるいは大学が、インセンティブ (刺激策) として、高インパクト・ファクター誌に論文を載せた研究者に現金のボーナスを出すといったことは、少なくともアジアでは結構行われているようだ。以下、Fuyuno & Cyranoski (2006) の抜粋である。

　　2002 年にパキスタン科学省が導入した政策のもとでは、研究者は、論文が載った雑誌のインパクト・ファクターの年間合計にもとづいて、$1,000 から $20,000 (米ドル、以下同様) を受け取る。半分は研究費として支給されるが、残り半分は個人に与えられる。

　　韓国科学技術省の新計画では、主要な学術誌の論文の第一著者と責任著者 [13] には、300 万ウォン ($3,000 米ドル) が授与される。主要な学術誌は、*Nature*、*Science*、*Cell* 含んだものになるだろう。

　　中国では、ボーナスの決定は各機関に任されている。北京にある中国農業大学では、高インパクト・ファクターの論文には最高で $50,000 が支払われる。

　　北京の中国科学院生物物理研究所では、インパクト・ファクターによって段階を設けている。インパクト・ファクター 3 から 5 の雑誌の論文の著者には、1 インパクト・ファクター当たり 2,000 元 ($250) が支給される。インパクト・ファクターが 10 を超える雑誌の論文の著者には、1 インパクト・ファクター当たり 7,000 元

---

　[13]論文の投稿から出版までのプロセスには、著者と雑誌の編集委員との間でいろいろなやり取りがある。著者が複数いる場合、この雑誌とのやりとりを行うのが責任著者である。第一著者が、責任著者を兼ねる場合もある。第一著者と責任著者が別の場合 (大体は、大学院生や若手研究者が第一著者、研究室のボスが責任著者) は、責任著者の名は複数いる著者の列の最後にくる。つまり、「重要な」著者は中間ではなくて、著者列の最初か最後にくる。

($875)。御三家の *Nature*、*Science*、*Cell* に載った論文ともなる
と、1 論文当たり 250,000 元 ($31,000) を稼ぎ出す。

ここで抜粋したパキスタンや韓国の政策が現在も行われているかは定か
ではない。しかし、中国に関する限り、金銭的報酬という刺激策は、おそら
く現在も継続されている。手に入った中で最も新しい論文 (Quan 他, 2017)
によれば、2016 年の時点で、中国のすべての大学や研究機関が、なんらか
の現金による刺激策をとっている。そして、インパクト・ファクターが最高
位の *Nature* と *Science* の論文は、ますますその単価を上げる傾向にある。
これら 2 誌に載った論文の第一著者に支払われる金額 (100 機関の平均) は、
2002 年には $26,212 だったが、2016 年には $43,783 にまで上昇している。

《コラム 3.8》中国の論文闇市場

　レポーターが大学院生や若手研究者になりすまして行った、*Science*
誌のおとり調査によれば、中国では論文販売ビジネスが台頭してきてい
る (Hvistendahl, 2013)。

　販売されるのは、主に、クラリベイト・アナリティクス社のデータ・
ベース Science Citation Index (SCI) に含まれる学術誌の論文、つま
り、インパクト・ファクターのつく学術誌の論文である。現金ボーナス
につながる学術誌の論文、ともいえる。そして、中国国内のほとんどの
学術誌編集者や研究者は、このようなビジネスの存在を知っている。

　販売会社は、ネット販売だけのものから、表向きは国際会議を主催し
たり英文論文の編集・校正を行っている会社まで、さまざまである。提
供するサービスも、以下のように多様である。

　(1) 研究者が中国語で発表した論文の英訳を請け負い、インパクト・
ファクターつきの学術誌に発表する手助けをする。英訳の対象となる論
文は、二重投稿のばれにくい、英文の要旨のついていないものを選ぶ。

　(2) 研究結果を論文にまとめる部分を請け負い、それが特定の雑誌に
掲載されることを保証する。この場合、データは研究者がとったものだ
が、それを論文にして発表するという部分 (データ解析、引用文献の準

備、論文執筆、雑誌への投稿、査読者とのやりとり) は、すべて業者が
行う。学術誌の編集委員は、業者から賄賂を受け取っていて、論文発表
枠を用意している。

(3) 業者が総説論文を用意する。あるいは、業者が研究機関からデー
タを買い、それを論文にまで仕上げる。そして、これらを研究者に販売
する。おそらく、雑誌への投稿や査読者とのやりとり等も含まれる。研
究者が基本何もしないフル・サービスである。

(4) 査読が終わり、雑誌への掲載がほぼ確定した論文の著者枠を販売
する。自分が論文の第一著者で共同著者が少なくとも 2〜3 人いたら、
もう 1 人くらい著者をつけ加えても大して損はない。それがお金になる
のなら、最終収支はおそらくプラスになるだろう。売るのは何人か続く
著者のどの枠でもいいのだが、買い手にとって魅力的なのは、共第一著
者 (co-first author)、あるいは共責任著者 (co-corresponding author)
だ。なぜか 2 つの重要ポジション毎に、著者が 2 人ずつ。本来の論文
の著者たちの名は最初あるいは最後尾に来るが、2 番目、あるいは後ろ
から 2 番目の枠は販売用である。枠を売る方も得をし、買った方も得を
し、その仲介者である業者もマージンをとって得をする。win-win-win
の関係である。

「まあ、いろいろ考えるなあ」と驚いてしまう。しかし、論文を買う
ことによって得られる利益 (大学や研究所における職、昇格・昇進、現
金ボーナス) が、買うためのコストを上回る限り、こういったビジネス
がなくなることもないだろう。

3-8-5　評判を買う大学

予算が有り余るほどあるのなら、自校の世界ランキング順位を手っ取り早
く上げる一番の方法は、すでに世界的に有名になっている研究者たちの名声
をお金で買うことだ。

著名な研究者や学者を引き抜いて大学の名声を高め、多くの優秀な学生を

集めるといったことは、多かれ少なかれどこの大学もやっていることだ。豊
潤な予算があるのなら、これをしないという手はない。そして、実際、これ
をとことんやっている大学がある。サウジ・アラビアの 2 つの大学、キング・
アブドゥルアズィーズ大学 (King Abdulaziz University, KAU) とキングサ
ウード大学 (King Saud University, KSU) である (Bhattacharjee, 2013)。

　さて、実際どんなことをしているのか。ここで再び登場するのが、クラリ
ベイト・アナリティクス社である。表 3.7 の脚注でも述べたように、この会
社はインパクト・ファクターだけではなく、論文の被引用回数の高い研究者
のリスト (高被引用著者リスト) を発表している。そして、サウジ・アラビ
アの 2 大学は、このリストに載った研究者を客員教授として招聘するという
戦略に出たのだ。

　招かれる方とすれば、条件はかなりいい。KAU からハーバード大学の天
体物理学者へのオファーでは、年俸は \$72,000。年に 1〜2 週間 KAU で過
ごすことになっているが、これは交渉次第。どうしてもやらなくてはならな
いのは、クラリベイト・アナリティクス社の高被引用著者リストの所属先欄
に、KAU を付け加えることだけだ。

　キングサウード大学の方は、論文に記載する所属先に自学を加えてもらう
という戦略をとり、世界大学ランキング順位を、4 年間で数百上げたそうで
ある。

参考文献

Agrawal AA. (2005), Corruption of journal impact factors. *TRENDS in Ecology and Evolution* 20(4):157.

Baker M. (2016), Is there a reproducibility crisis? *Nature* 533: 452-454.

Barnett AG, van der Pols JC, and Dobson AJ. (2005), Regression to the mean: what is it and how to deal with it. *International Journal of Epidemiology* 34:215-220.

Begley CG, and Ellis LM. (2012), Raise standards for preclinical cancer research. *Nature* 483: 531-533.

Bhattacharjee Y. (2013), Saudi universities offer cash in exchange for academic prestige. *Science* 334(6061):1344-1345.

Brembs B, Button K, and Munafò M. (2013), Deep impact: unintended consequences of journal rank. *Frontiers in Human Neuroscience*, 24 June 2013, `https://doi.org/10.3389/fnhum.2013.00291`.

Davis P. (2012a), The emergence of a citation cartel. `https://scholarlykitchen.sspnet.org/2012/04/10/emergence-of-a-citation-cartel/` (2018 年 8 月 22 日閲覧).

Davis P. (2012b), Citation cartel journals denied 2011 impact factor. `https://scholarlykitchen.sspnet.org/2012/06/29/citation-cartel-journals-denied-2011-impact-factor/` (2018 年 8 月 25 日閲覧).

Davis P. (2017a), Reverse engineering JCR's self-citation and citation stacking thresholds. `https://scholarlykitchen.sspnet.org/2017/06/05/reverse-engineering-jcrs-self-citation-citation-stacking-thresholds/` (2018 年 8 月 25 日閲覧).

Davis P. (2017b), Citation cartel or editor gone rogue? `https://scholarlykitchen.sspnet.org/2017/03/09/citation-cartel-or-editor-gone-rogue/` (2018 年 8 月 25 日閲覧).

de Vries R, Anderson MS, and Martinson BC. (2006), Normal misbehavior: Scientists talk about the ethics of research. *Journal of Empirical Research on Human Research Ethics* 1(1):43-50.

榎木英介 (2014)、『嘘と絶望の生命科学』、文春新書。

Falagas ME, and Alexiou VG. (2008), The top-ten in journal impact factor manipulation. *Archivum Immunologiae et Therapiae Experimentalis* 56:223-226.

Fanelli D. (2013), Why growing retractions are (mostly) a good sign. *PLOS Medicine* 10(12):e1001563.

Fang FC, and Casadevall A. (2011), Retracted science and the retraction index. *Infection and Immunity* 79(10):3855-3859.

Fang FC, Steen RG, and Casadevall A. (2012), Misconduct accounts for the majority of retracted scientific publications. *Proceedings of National Academy of Science,* 109(42):17028-17033.

Ferguson C, Marcus A, and Oransky I. (2014), Publishing: The peer-review scam. *Nature* 515:480-482.

藤井翔太 (2016)、「基礎解説 1 世界大学ランキングの概要」、石川真由美 (編)『世界大学ランキングと知の序列化 ── 大学評価と国際競争を問う』、京都大学学術出版会。

Fuyuno I, and Cyranoski D. (2006), Cash for papers: Putting a premium on publication. *Nature* 441(7095):792.

Gonon F , Konsman JP, Cohen D, and Boraud T. (2012), Why Most Biomedical Findings Echoed by Newspapers Turn Out to be False: The Case of Attention Deficit Hyperactivity Disorder. *PLOS One* September 12, Vol.7 (9), e44275.

Grieneisen ML, and Zhang M. (2012), A comprehensive survey of retracted articles from the scholarly literature. *PLOS One* 7(10): e44118.

白楽ロックビル (2016)、1-4-8. 撤回監視 (リトラクション・ウオッチ：Retraction Watch), `https://haklak.co./page_Retraction_Watch.hlml` (2018 年 8 月 6 日閲覧)。

Haug CJ. (2015), Peer-review fraud — Hacking the scientific publication process. *The New England Journal of Medicine* 373(25):2393-2395.

ヘイゼルコーン, エレン (Ellen Hazelkorn) (2018)、『グローバル・ランキングと高等教育の再構築 — 世界クラスの大学をめざす熾烈な競争』、永田雅啓・アクセル・カーペンシュタイン訳、学文社。

Hernàn MA. (2009), Impact factor, A call to reason. *Epidemiology* 20(3):317-318.

Hvistendahl M. (2013), China's Publication Bazaar. *Science* 342(6162):1035-1039.

石川真由美 (2016)、序章 大学ランキングと知の序列化 — 国際競争のなかの日本の大学、石川真由美 (編)『世界大学ランキングと知の序列化 — 大学評価と国際競争を問う』、京都大学学術出版会。

John LK, Loewenstein G, and Prelec D. (2012), Measuring the prevalence of questionable research practices with incentives for truth telling. *Psychological Science* 23(5):524-532.

黒木登志夫 (2016)、『研究不正 科学者の 捏造(ねつぞう)、改竄(かいざん)、盗用』、中公新書 2373。

Lawrence PA. (2003), The politics of publication. *Nature* 422:259-261.

Lawrence PA. (2006), Men, women, and ghosts in science. *PLoS Biology*, January 2006, 4(1):e19.

Lawrence PA. (2007), The mismeasurement of science. *Current Biology* 17(15): PR583-585.

Lehrer J. (2010), The truth wears off. The New Yorker, `https://www.newyorker.com/magazine/2010/12/13/the-truth-wears-off`.

Martinson BC, Anderson MS, and de Vries R. (2005), Scientists behaving badly. *Nature* 435:737-738.

Moustafa K. (2014), The disaster of the impact factor. *Science and Engineer-*

ing Ethics 21(1):139-142. DOI 10.1007/s11948-014-9517-0.

Moylan EC, and Kowalczuk MK. (2016), Why articles are retracted: a retrospective cross-sectional study of retraction notices. BioMed Central. BMJ Open 2016; 6:e012047.

Munafò MR, Freimer NB, Ng W, Ophoff R, Veijola J, Miettunen J, Järvelin M-R, Taanila A, and Flint J. (2009), 5-HTTLPR Genotype and Anxiety-Related Personality Traits: A Meta-Analysis and New Data. *American Journal of Medical Genetics* Part B 150B:271-281.

Munafò MR, Matheson IJ, and Flint J. (2007), Association of the DRD2 gene Taq1A polymorphism and alcoholism: a meta-analysis of case–control studies and evidence of publication bias. *Molecular Psychiatry* 12:454-461.

Nature (2017), Nature journal 'reproducibility' survey, Author views, Reserchers and audience (Oct' 2017),
`https://www.nature.com/magazine-assets/d41586-018-04590-7/`
`reproducibility_Report` (2019 年 7 月 22 日閲覧).

Opatrnỳ T. (2008), Playing the system to give low-impact journal more clout. *Nature* 455:167.

Open Science Collaboration (2015), Estimating the reproducibility of psychological science. *Science* 349(6251): aac4716.

Prinz F, Schlange T, and Asadullah K. (2011), Believe it or not: how much can we rely on published data on potential drug targets? *Nature Reviews Drug Discovery* 10:712.

Quan W, Chen B, and Shu F. (2017), Publish or impoverish: An investigation of the monetary reward system of science in China (1999-2016). *Aslib Journal of Information Management* 69(5):486-502, `https://doi.org/10.1108/AJIM-01-2017-0014`.

Retraction Watch (2018), Three papers retracted ⋯ for being cited too frequently. `http://retractionwatch.com/2018/02/02/three-papers-retracted-cited-frequently/` (2018 年 2 月 20 日閲覧).

Rieseberg L, and Geraldes A. (2016), Editorial 2016. *Molecular Ecology* 25:433-449.

Rieseberg L, Geraldes A, and Chambers K. (2017), Editorial 2017. *Molecular Ecology* 26:383-412.

Rieseberg L, Geraldes A, Chambers K, and Kane N. (2018), Editorial 2018. *Molecular Ecology* 27:1-34.

Rieseberg L, and Smith H. (2007), Editorial and retrospective 2007. *Molecular Ecology* 16:1-16.

Rieseberg L, and Smith H. (2008), Editorial and retrospective 2008. *Molecular Ecology* 17:501-513.

RiesebergL, Vines T, Gow J, and Kane N. (2014), Editorial 2014. *Molecular Ecology* 23:1-15.

Rieseberg L, Vines T, Gow J, and Geraldes A. (2015), Editorial 2015. *Molecular Ecology* 24:1-17.

Rieseberg L, Vines T, and Kane N. (2009), Editorial and retrospective 2008[*14]. *Molecular Ecology* 18:1-20.

Rieseberg L, Vines T, and Kane N. (2010), Editorial and retrospective 2010. *Molecular Ecology* 19:1-22.

Rieseberg L, Vines T, and Kane N. (2011), Editorial — 20 years of Molecular Ecology. *Molecular Ecology* 20:1-21.

Rieseberg L, Vines T, and Kane N. (2012), Editorial 2012. *Molecular Ecology* 21:1-22.

Rieseberg L, Vines T, and Kane N. (2013), Editorial 2013. *Molecular Ecology* 22:1-14.

Schooler J. (2011), Unpublished results hide the decline effect. *Nature* 470(7335): 437.

Schutte HK, and Švec JG. (2007), Reaction of *Folia Phoniatrica et Logopaedica* on the current trend of impact factor measures. *Folia Phoniatrica et Logopaedica* 59:281-285.

Simmons JP, Nelson LD, and Simonsohn U. (2011), False-positive psychology: undisclosed flexibility in data collection and analysis allows presenting anything as significant. *Psychological Science* 22(11):1359-1366.

Smith R. (1997), Journal accused of manipulating impact factor. *The British Medical Journal* 314:463.

Steneck NH. (2006), Fostering integrity in research: Definitions, current knowledge, and future directions. *Science and Engineering Ethics* 12(1): 53-74

Švec J. (2009), Your article in Nature.
(`https://www.researchgate.net/profile/Harm_Schutte/publication/5879705_Reaction_of_Folia_Phoniatrica_et_Logopaedica_on_the_Current_Trend_of_Impact_Factor_Measures/links/570f68d008aee328dd655c2f/Reaction-of-Folia-Phoniatrica-et-Logopaedica-on-the-Current-Trend-of-Impact-Factor-Measures.pdf`).

[*14]原著ではこう書かれているが、2009 の間違いと思われる。

Testa J. (2008), Playing the system puts self-citaion's impact under review. *Nature* 455(7214):729.

ウェイジャー, エリザベス (2014)、「出版倫理と情報管理の関わり — The Committee on Publication Ethics での経験から」、『情報管理』、57(7):443-450.

Wager E, Barbour V, Yentis S, Kleinert S on behalf of COPE Council. (2009), Committee on Publication Ethics Retraction Guidelines. https://publicationethics.org/.

Wager E, and Williams P. (2011), Why and how do journals retract articles? An analysis of Medline retractions 1988-2008. *Journal of Medical Ethics* 37:567-570.

Wilhite AW, and Fong EA. (2012), Coercive Citation in Academic Publishing. *Science* 335(6068):542-543.

渡部由紀 (2012)、「世界大学ランキングの動向と課題」、京都大学国際交流センター『論攷』、2:113-124.

横山徹爾・田中平三 (1997)、「平均への回帰」、『日循協誌』 32(2):143-147.

第4章
インパクト・ファクター偏重主義根絶への動き

　インパクト・ファクター偏重の傾向は、特にアジアの国々では、留まることなくエスカレートしていっている。しかし、世界中の科学者や編集者が、このような現状を、ただ手をこまねいて見ているわけではない。

　すでに何度も述べてきたように、多くの科学者や学術誌の編集者が、意見記事や論説記事を通じて、その問題点を指摘し、改善をうながしてきた。そして、個人レベル、あるいは雑誌レベルの意見表明を超えた、組織だった動きも、主に欧米の学術誌編集者や出版社を中心に始まっている。

　2007年、ヨーロッパ科学編集者協会 (The European Association of Science Editors, EASE) は、「インパクト・ファクターの不適切な使用に関するEASE声明」を出し、インパクト・ファクターを個々の論文や研究者等の評価に用いることの廃止をよびかけた。

　2012年には、学術誌の編集者と出版社からなるグループがアメリカ細胞生物学会の年大会に集まり、「研究評価に関するサンフランシスコ宣言」 (San Francisco Declaration on Research Assessment, DORA) を作成している。参加者の大多数は欧米や英語圏の編集者や出版社だが、喜ばしいことに日本細胞生物学会の学会誌である *Cell Structure and Functions* (細胞の構造と機能) の編集主任 (当時)、そして、日本分子生物学会の出している

Genes to Cells (遺伝子から細胞へ) の編集主任 (当時) も名を連ねている。

この宣言では、インパクト・ファクターを始めとする雑誌単位の評価指標を、個々の研究論文の評価に使用しないことを基本理念に、研究助成機関、学術機関、出版社、数量的指標提供機関、そして研究者に向けて、具体的な提言を行っている。また、署名による宣言への支持表明も、強く促している。

当初 78 機関、154 人の署名でスタートした DORA は、2019 年 7 月 15 日現在、1446 機関、14540 人に支持され (DORA 公式サイト)、ヨーロッパ、アメリカ、カナダ、オーストラリアなどの研究助成機関は、DORA の提言をすでに実行に移している (Schmid, 2017)。

雑誌のウェブサイトにインパクト・ファクターの値を掲載することをやめた学術誌も多くある。アメリカ微生物学会 (American Society for Microbiology) は、その発行するすべての学術誌について、インパクト・ファクター値を表示しないことを 2016 年に宣言した (Casadevall 他, 2016)。*Molecular Biology of the Cell, Science, PLoS, eLife* といった雑誌も、インパクト・ファクター値の表示を廃止している (Schmid, 2017)。

次の 2 節では、EASE 声明 (筆者訳) と DORA の全文 (公式ページ掲載の日本語版; 参考文献を除いて掲載) を紹介する。

DORA への支持表明は、https://sfdora.org/ で行うことができる。多くの日本の研究者、編集者、学術研究機関、出版社、研究助成機関が支持を表明するともに、その提言を実行に移すことを願うばかりである。

4-1

インパクト・ファクターの 不適切な使用に関する EASE 声明[1]

ジャーナル・インパクト・ファクターは、科学雑誌の影響力 (インパクト) を測定する手段として開発された。しかし、時を経るに

---

[1] EASE statement on inappropriate use of impact factors (2007), https://ease.org.uk/wp-content/uploads/ease_statement_ifs_final.pdf (2019 年 6 月 13 日閲覧).

つれ、それは、科学雑誌の質、個々の論文の質、そして個々の研究者の生産性を測定する目的で、広く使われるようになった。現在では、インパクト・ファクターは、大学教員の採用、助成金申請の評価、研究プログラムへの予算の割り当てにさえ使われている。

しかし、インパクト・ファクターは、雑誌の質を測定するための信頼性の高い道具では、必ずしもない。本来の目的とは異なる目的での使用は、さらに大きな不公平を引き起こすと考えられる。

このような理由から、ヨーロッパ科学編集者協会は、ジャーナル・インパクト・ファクターを、雑誌全体の影響力を測定し比較するためにのみ使用し —— それも慎重を期して使用し、個々の論文の評価、ましてや個々の研究者や研究プログラムの評価には、直接的にも間接的にも使用しないことを推奨する。

4-2

研究評価に関するサンフランシスコ宣言 *²

科学研究の成果を助成機関や研究機関などの諸団体が評価する際の方法を改善することは、喫緊の課題である。

この課題への対策を議論するために、2012 年 12 月 16 日、学術雑誌の編集者と出版者のグループがサンフランシスコで開催された米国細胞生物学会 (ASCB) 年次会議の際に会合をもった。同グループは、「研究評価に関するサンフランシスコ宣言」という一連の勧告を起草した。我々はすべての科学分野の関連団体に署名による同宣言への支持表明を求める。

科学研究の成果というものは数多くかつ多様であり、新たな知見

---

*²San Francisco Declaration on Research Assessment (DORA, 2012), 日本語版 https://sfdora.org/read/jp/ (2019 年 7 月 14 日閲覧)。2019 年 6 月 9 日の時点では、DORA の公式ウェブサイトに日本語版は存在しなかった。「これはまずいな、訳して送らなければ」と考え、のろのろと訳を進めていたのだが、2019 年 7 月 15 日に再びチェックしたら、日本語版が登場していた。私の訳は無駄になったが、日本語訳をして下さった方々がいたという事実に嬉しくなった。世の中まだまだ、捨てたものではない。

を報じる研究論文、データ、試薬、ソフトウェアや、知的財産権、あるいは熟練した若手研究員等もこれに含まれるといえる。助成機関や研究者を雇用する研究機関、また研究者自身も、科学的成果の質やインパクトについての評価を望み、また必要としている。したがって、科学的成果が正確に測定され、賢明な方法で評価されることはきわめて重要である。

ジャーナル・インパクト・ファクター (以下、インパクト・ファクター) は、研究者個人や研究機関の科学的成果を比較する上で最重要の指標として頻繁に利用されている。インパクト・ファクターは、トムソン・ロイター[*3] によって算出されるもので、そもそもは図書館員が購入すべき雑誌を判断する際の補助ツールとして開発されたのであり、論文に示された研究内容の科学的品質を計るためのものではなかった。それを念頭に、研究評価ツールとしてのインパクト・ファクターの欠点について数多くの指摘がなされていることを理解しておくことは重要である。欠点とは、例えば以下の点である。

(A) 雑誌内における引用の分布は非常に偏っていること、(B) インパクト・ファクターの性質は分野によって異なること、原著論文とレビュー記事といった、複数のきわめて性質の異なるタイプの記事が混在してできあがっていること、(C) インパクト・ファクターは編集方針によって左右される (あるいは "操られる") 可能性があること、(D) インパクト・ファクターの計算に用いられるデータは不透明であり、また公衆に公開されていないこと。

以下に、研究成果の質の評価方法を向上させるための数々の勧告を行う。研究の有効性を評価するにあたり、研究論文以外の成果の重要性は今後増していくにしても、研究の到達点を示す研究成果の中核は査読付き研究論文であり続けるだろう。したがって、我々の

[*3] インパクト・ファクターは現在、クラリベイト・アナリティクス社より提供されている。

勧告は、第一義的には、査読誌に掲載された研究論文に関する実践方法に焦点を当てる。しかし、データセットなどの追加生産物についても重要な研究成果と見なすことで、これらの勧告の適用を拡大することは可能であり、そうすべきであろう。これらの勧告は、助成機関、学術機関、学術雑誌、数量的指標を提供する機関、そして、個々の研究者に向けたものである。

　これらの勧告に一貫しているいくつかの論点は次のとおりである。

　● 資金助成、職の任命や昇進の検討の際に、インパクト・ファクターのような雑誌ベースの数量的指標の使用を排除する必要性。

　● 研究が発表される雑誌をベースにするのではなく、研究自体の価値にもとづく評価の必要性、そして

　● オンライン出版が提供する機会 (例えば論文における単語や図表、参考文献の数についての無意味な制限の緩和、および重要性やインパクトに関する新しい指標の探索) を十分に活用する必要性。

　● 私たちは、助成機関、研究機関、出版者や研究者の多くが、研究評価について改善したやり方の使用を奨励しつつあることを認識している。こういった動きが次第に、評価にかかわる主な関係者のすべてがそれを踏まえて適用できるような、より精緻で有意義な研究評価の方法を目指す機運を高めつつある。

　「研究評価に関するサンフランシスコ宣言」の署名者は、研究評価における以下のような方法の適用に賛同する。

一般勧告

　1. 個々の科学者の貢献を査定する、すなわち雇用、昇進や助成の決定をおこなう際に、個々の研究論文の質をはかる代替方法として、インパクト・ファクターのような雑誌ベースの数量的指標を用いないこと。

助成機関へ

　2. 助成申請者の科学的生産性の評価に用いられる判断基準が明

示的であること。また、特にキャリアの初期段階にある研究者に対して、出版物の数量的指標やその論文が発表された雑誌がどのようなものであるかということよりも、その論文の科学的内容の方がはるかに重要であることを、はっきりと強調すること。

3. 研究評価を行う上で、研究出版物に加えて (データセットやソフトウェアを含む) 研究のすべての成果の価値とインパクトを検討すること。また、政策や実用化への影響といった研究インパクトの質的な指標を含む、幅広いインパクトの評価基準を考慮すること。

学術機関へ

4. 雇用、任期、昇進の決定する際に用いられる判断基準が明示的であること、特にキャリアの初期段階にある研究者に対して、出版物の数量的指標やその論文が発表された雑誌がどのようなものであるかということよりも、その論文の科学的内容の方がはるかに重要であることを、はっきりと強調すること。

5. 研究評価を行う上で、研究出版物にくわえて研究の (データセットやソフトウェアを含む) すべての成果の価値とインパクトを検討すること。また、政策や実用化への影響といった研究インパクトの質的な指標を含む、幅広いインパクトの評価基準を考慮すること。

出版社へ

6. 販売促進手段としてのインパクト・ファクターの強調を大幅に縮小させること、理想的にはインパクト・ファクターの宣伝を中止すること、または雑誌のパフォーマンスについてより豊富な視点を与える様々な数量的指標 (例、5-year impact factor、EigenFactor、SCImago、h-index、編集と出版に要する時間等) の文脈に沿った上でインパクト・ファクターを提供すること。

7. 様々な論文レベルでの数量的指標を利用可能にすること、それによって論文が発表された雑誌についての数量的指標ではなく、

論文自体の科学的内容を基にした評価への転換を促すこと。

8. 責任あるオーサーシップの慣行と各著者個別の貢献についての情報提供を促すこと。

9. 雑誌がオープンアクセスであろうと購読モデルであろうと、研究論文の参考文献リストについての再利用の制限を取り除き、それらをクリエイティブコモンズのパブリックドメインの下で利用できるようにすること。

10. 研究論文のレファレンスの数についての制限を縮小、または廃止させること、そして必要に応じて、最初に発見を報告したグループの功績を認めるために、レビューではなく原著論文の引用を義務付けること。

数量的指標を提供する機関へ

11. すべての数量的指標は、それを計算するために使われたデータと方法とを提供することにより、オープンかつ透明であること。

12. 無条件の再利用を認めるライセンス下でデータを提供し、可能な限りコンピュータからアクセスできるようにすること。

13. 数量的指標の不正な操作が決して許されないよう明確に示すこと、また不正な操作に相当するものとは何かおよびこれに対する措置について明示的に示すこと。

14. 数量的指標が使われ、集約され、あるいは比較される際に、論文のタイプ (例、レビュー記事 vs 研究論文) あるいは異なる対象領域において生じる数量的指標の差異について、説明すること。

研究者へ

15. 研究助成、雇用、任期、昇進について決定する委員会に参加した場合は、出版物の数量的指標ではなく科学的内容を基にして評価を下すこと。

16. 認めるべき功績を認めるために、適切である限り、レビュー記事ではなく観察結果が最初に報じられた原著論文を引用すること。

17. 個人の発表した論文やその他の研究成果のインパクトの根拠として、自己推薦書では、論文に関する様々な種類の数量的指標を用いること。

18. インパクト・ファクターに不適切に依存している研究評価の慣例を批判し、個別の研究成果の価値や影響に注目するベストプラクティスを推進し、振興すること。

▨ 参考文献

Casadevall, A, Bertuzzi, S, Buchmeier, MJ, Davis, RJ, Drake, H, Fang, FC, Gilbert, J, Goldman, BM, Imperiale, MJ, Matsumura, P, McAdam, AJ, Pasetti, MF, Sandri-Goldin, RM, Silhavy, T, Rice, L, Young, AH, Shenk, T. (2016), ASM journals eliminate impact factor information from journal websites. *Clinical Microbiology Reviews* 29(4):i-ii. DOI: 10.1128/mBio.01150-16.

Schmid SL. (2017), Five years post-DORA: promoting best practices for research assessment. *Molecular Biology of the Cell* 28:2941-2944. As of August 3, 2019

エピローグ

　インパクト・ファクター偏重主義、簡単に数値化できる指標にもとづいた業績至上主義は、ついに科学の真髄である再現性を揺るがし、科学の信頼性をおびやかすところまできたな、というのが個人的かつ率直な感想である。そして、英文で書かれた論文や論説を読んでいる限り、同じような考えをもつ人は多い。

　しかし、このような現状が想定外のものであったかというと、そんなことはない。むしろ、まったくの「想定内」であったと言えるくらいである。

　論文の数やその掲載される雑誌のインパクト・ファクターの値が研究の第一目的となれば、論文の中身の方は、少々ずさん、いいかげんになって当然である (これを数理モデルで示した論文 (Smaldino & McElreath, 2016) まである)。数値的指標にもとづいた安易な業績評価の先にあるものがわかっていたからこそ、インパクト・ファクター偏重への警告が繰り返しなされてきた。しかし、その警告が無視され続けた結果、当然の帰結である再現性の危機にまでゆきついた、というのが実際のところだろう。

　研究結果の再現性の低さが露呈し、単に論説などで倫理的な行動を促したところで埒が明かないことが明らかになったせいだろうか。それとも、再現性の低い論文による経済的損失 (科学研究費の多くは税金から出ている！)に社会が注目し始めたせいだろうか。Nature グループ誌などは、ずさんな研究の発表を阻止すべく、論文の投稿時に、その研究プロセスに関する詳

しいチェックリスト *1 を提出させるという具体的な措置を講じてきている
(Nature, 2017)。

非常によく見られる統計的な間違いを犯していないかを否かをチェックす
る質問や、「調べる被験体の数はどのようにして決定しましたか」「解析に
含めなかったデータはありますか。ある場合は、その理由を述べなさい」と
いった質問がある。後者は記述式である。書こうと思えば嘘も書けてしまう
ので、その効果のほどには疑問がわかなくもない。しかし、グレイな行為
(例えば、正当な理由なく、都合の悪い計測値をはずす) をしておきながら、
「してない」と答えるには、単にひっそりとグレイな行為をするよりは勇気
がいるので、一定の抑止力にはなるだろう。

さて、日本はどうなのだろう。インパクト・ファクターの問題も、再現性
の危機の問題も、あまり聞こえてこない。

大手メディアのほとんどは相も変わらず、「ノーベル賞、わーい！」、「iPS
細胞、わーい」、「ビッグ・データ、わーい」、「AI、わーい」と科学者の宣
伝文句をそのまま伝えるだけで、それぞれの科学研究から生じ得る負の影響
や、科学界を浸食している倫理問題などを批判的かつ建設的に論じることは
まずない (そのくせ、不正や事故が起こると大騒ぎをする)。

再現性の危機の問題も、記事として掲載したのは日本経済新聞だけであ
る (日本経済新聞, 2017)。朝日新聞は、そのウェッブ版言論サイト「論座
RONZA」では扱っているが (粥川, 2017; 高橋, 2017)、新聞記事にはして
いない。この問題を取り上げたブログ・サイトがいくつか見つかったこと、
そして、『生命科学クライシス』という本が 2019 年 3 月に出版されたのが、
せめてもの救いである。

残念ながら日本では、科学研究の再現性の危機は、まだ、あまり認識され
ていない。再現性の高い研究の要となる実験デザインや統計学の重要性も、
泣きたくなるほど認識されていない。多くの学者や行政・メディア関係者に
は確率的なものの考え方や統計的素養があまりにもなさすぎて、これらの重

---

*1https://www.nature.com/documents/nr-reporting-summary-flat.pdf.

要性を理解することすらできないようである。

　より良い科学研究を行うための実験デザインや統計学といった基礎教育は置き去りにされ、「Nature, Nature」「イノベーション、イノベーション」という掛け声のもと、ひたすらインパクト・ファクターを追いかけるだけの研究が行われている、と感じてしまうのは私だけだろうか。

Not everything that can be counted counts,

and not everything that counts can be counted.

— William Bruce Cameron[*2]

数えられるものすべてが重要なわけではないし、

重要なものすべてが数えられるわけでもない。

ウィリアム・ブルース・キャメロン

■ 参考文献

粥川準二 (2017)、「危機に直面する科学研究の「再現性」、STAP 細胞論文、次世代ゲノム編集技術をめぐって」、https://webronza.asahi.com/science/articles/2017010800002.html (2019 年 7 月 22 日閲覧).

Nature (2017), Nature journal 'reproducibility' survey, Author views, Researchers and audience (Oct' 2017), https://www.nature.com/magazine-assets/d41586-018-04590-7/reproducibility_Report (2019 年 7 月 22 日閲覧).

日本経済新聞 2017 年 7 月 30 日電子版、「「研究成果再現できず」、生命科学信頼揺らぐ」、https://www.nikkei.com/article/DGXLZO19435320Q7A730C1TJM000/.

Smaldino PE, and McElreath R. (2016), The natural selection of bad science. Royal Society *Open Science*, Published: 01 September 2016, https://doi.org/10.1098/rsos.160384.

高橋眞理子 (2017)、「再現できない論文の退治法」、https://webronza.asahi.com/science/articles/2017011100008.html (2019 年 7 月 22 日閲覧).

[*2] この言葉は、アルバート・アインシュタインが言ったといわれることも多いのだが、どうもそうではないらしい。https://quoteinvestigator.com/2010/05/26/everything-counts-einstein/

索引

欧文など

2 年インパクト・ファクター *1*
　—で損する分野　*32*
　—で得する分野　*32*
　—の起源　*31*
3 年インパクト・ファクター　*34*
　御三家雑誌の—　*34*
　生態学雑誌の—　*34*
4 年インパクト・ファクター　*34*
　御三家雑誌の—　*34*
　生態学雑誌の—　*34*

α　*112*

citation stacking　*89*
Committee on Publication Ethics　*99*
COPE　*99*

decline effect　*117*
DORA　*146*

EASE　*146*
EASE 声明　*146, 147*

FFP　*106*
Folia Phoniatrica et Logopaedica　*94*

h-index　*14*

IF 増加率　*48*
IF 中央値　*22*
IMRAD　*5*
Institute for Scientific Information 社　*3*

ISI　*3*

JCR　*2*
Journal Citation Reports　*2*

me-too science　*30*

National Institute of Health　*107*
Nature グループ誌数の推移　*68*
Nature 姉妹誌　*65, 67*
NIH　*107*

PubMed　*99*
p 値　*111*

QRP　*107, 108*
　さまざまな—　*108*
　統計を利用した—　*115*
　—の動機　*110*
　—の頻度　*107, 108*
Questionable Research Practice　*107*

Retraction Watch　*103*

San Francisco Declaration on Research Assessment　*146*
SCI　*4*
Science Citation Index　*3, 4*
Science 誌のおとり調査　*138*

The European Association of Science Editors　*146*

Web of Science　*13, 99*

あ行

アメリカ国立衛生研究所　*107*

アンケート調査　*108*

インパクト・ファクター

　—誤用の指摘　*13*

　雑誌の—　*16*

　人文社会学系の—　*22*

　生物学系の—　*22*

　—生物学分野間の違い　*24*

　—の起源　*3*

　—の掲載廃止　*147*

　—の計算式　*1, 44, 82*

　—の計算式の分子　*2*

　—の計算式の分母　*2*

　—の考案者　*iii*

　—の誤用　*i, 8*

　—の算出　*2*

　—の算出式　*40*

　—の定義　*1*

　—のニセの精密さ　*46*

　—の発案者　*3*

　—の分野による違い　*22, 23, 26*

　—の水増し　*45*

　　専門誌の—　*45*

　　総合誌の—　*45*

　—問題点の指摘　*13*

　理学系の—　*22*

インパクト・ファクター症候群　*125*

インパクト・ファクター値

　到達可能な—　*28*

インパクト・ファクターの落とし子　*131*

インパクト・ファクターの操作　*82*

　活発グループ優遇による—　*89*

　出版社による—　*82*

　大グループ優遇による—　*89*

　著名度の活用による—　*90*

　—の方法　*82, 83*

　初報告の優遇による—　*91*

　流行りのテーマの優遇による—　*90*

　編集委員による—　*82*

　ポジティブ結果の優遇による—　*91*

　レビュー論文—　*87*

　話題性による—　*90*

インパクト・ファクターの梯子　*124*

インパクト・ファクターの分布　*25*

　遺伝学分野の—　*25*

　解剖学・形態学分野の—　*25*

　細胞生物学分野の—　*25*

　生化学・分子生物学分野の—　*25*

　生態学分野の—　*25*

　生理学分野の—　*25*

インパクト・ファクター偏重　*94*

　—の根絶　*146*

　—への反撃論文　*94*

引用可能記事　*45*

　—の数え間違い　*50*

　—の判断基準　*49*

引用可能記事数　*47*

引用カルテル　*88*

引用行動　*52*

引用積み上げ　*89*

引用ネットワーク　*7*

引用の基本　*56*

引用のピーク　*33*

引用不可記事　*47*

引用文献

　データ論文の—　*72*

　読まれていない—　*55*

　理論解析論文の—　*72*

引用文献内訳

御三家雑誌の—　35
生態学雑誌の—　35
引用文献の誤植　56
解剖学分野の—　58, 59
公衆衛生の—　58, 59
物性物理学分野の—　56
引用文献のコピペ　57, 58
引用文献発行年
御三家雑誌の—　36
生態学雑誌の—　36
引用文献リスト　5
引用分布　18
Nature の—　19
Science の—　19
生物系雑誌の—　16
右に伸びた—　16
引用理由　53
学術的な—　54
考察での—　53
材料と方法での—　53
社会的な—　54
序論での—　53
利便的な—　54
オネスト・エラー　100

か行
科学界における報奨システム　62
科学が自己修正　127
科学研究
—の結果の信憑性　109
—の信頼性　109
科学の健全な進歩　91
科学の自己修正機能　109
科学論文　5
の標準フォーマット　5
学術雑誌　42

—格　9
—質　9
—の成り立ち　42
—の目次　41
—ランク付け　9
学術出版界　92
確認研究
—の重要性　91
確率　113
下降効果　117, 119
仮説検証　114
学会誌　43
記事
—の種類　40
—の多様性　40
記述的分類学
—の意義　72
—のインパクト・ファクター値　73
疑問をよぶ研究行為　107
キャッシュ・ボーナス　137
業績評価　9, 30
—学科　9
—国　11
—研究施設　11
—研究者　9
—研究者グループ　9
—の指標　14
共著者数　37
共同研究者数　37
コンピュータ科学の—　38
社会科学の—　38
数学の—　38
生命科学の—　38
—とインパクト・ファクター　37
—の影響　37

——の分野による違い　*37*

金銭的報酬　*138*

クラリベイト・アナリティクス社　*2, 140*

グレイな研究行為　*107*

研究結果の信憑性　*117*

研究行為

　白ともグレイともいい難い——　*122*

研究テーマの選択　*122*

研究の信頼性　*117*

研究評価に関するサンフランシスコ宣言

　146, 148

研究不正　*iv, 100, 101*

研究不正行為

　さまざまな——　*108*

　——の種類　*108*

研究目的の転換　*79*

研究予算の分配　*30*

原著論文　*40*

誤引用

　大きな——　*58*

　海洋生物学分野の——　*60*

　公衆衛生分野の——　*60*

　生態学分野の——　*60*

　小さな——　*58*

高インパクト・ファクター症候群　*iv, 66*

効果量　*118*

高被引用著者リスト　*140*

御三家　*iv*

さ行

再現性

　——のアンケート調査　*128*

再現性の危機　*127*

再現性の欠如　*129*

　——の要因　*129, 130*

雑誌の編集方針　*51*

査読　*40*

サラミ・サイエンス　*124*

算術平均　*20*

三大研究不正　*106*

サンプル　*113*

自誌引用　*82, 86*

　意見記事掲載による——　*87*

　引用カルテルによる——　*88*

　——の監視　*86*

　論説掲載による——　*85, 87*

修士・博士論文　*72*

集団力学　*125*

出版バイアス　*120*

出版倫理委員会　*99*

スーパー雑誌　*26*

スーパー論文　*27, 29*

世界大学ランキング　*131*

　——の影響　*135*

　——の誕生　*131*

　——の測っているもの　*133*

　——の評価指標　*133, 134*

選択的報告　*120*

専門誌　*43*

　——の危機　*93*

　——の存続　*93*

総合 IF　*22*

総合誌　*43*

た行

大学の格付け　*131*

大学の方針　*136*

対称的 1 年 IF　*49*

対称的 IF　*47*

たとえ話　*i*

タラントの譬え　*61*

中央値　*21*

重複出版　*100, 106*

データ点の除外　*109*

データの改竄　*106*

データの捏造　*100, 106*

データベース　*72*

データ論文　*71*

撤回の監視　*81, 103*

撤回論文

　—数　*99*

　—の時系列変化　*99*

　—の増加　*98*

　—の割合　*99*

撤回論文数

　日本人による—　*103*

　—の世界ランキング　*103*

撤回論文増加

　—の理由　*101*

統計検定の考え方　*111*

統計的有意差　*111*

統計量　*20*

東大研究不正　*v*

盗用　*100, 106*

独創的な研究　*30*

トムソン・ロイター社　*2*

トムソン ISI　*3*

な行

ネイチャー症候群　*66*

ネガティブな結果　*111*

　—の重要性　*91*

は行

発表戦略　*124*

非引用

　基礎データ論文の—　*71*

　共通知識の—　*70*

紙面の限りによる—　*70*

　—の理由　*70*

　論文の影響　*68*

被引用回数

　—の時系列変化　*32*

　　御三家雑誌における—　*33*

　　生態学雑誌における—　*33*

　　生理学雑誌における—　*33*

　—の絶対数　*8*

　平均—　*8*

　論文の—　*14, 15*

被引用回数の差　*20*

被引用回数の操作

　個人による—　*80*

被引用回数のピーク　*33*

非対称的 1 年 IF　*49*

必要論文数　*68*

剽窃　*100*

評判を買う大学　*139*

非倫理的研究　*100*

不一致記事　*47, 58*

不正行為　*108*

不正行為制裁の対象となる　*108*

不適切な研究行為　*107*

負のスパイラル　*94*

ブラック・ユーモア　*73*

　疫学雑誌の—　*96*

分子・分母の操作　*82*

分子の操作

　引用不可記事による—　*86*

分母と分子の非対称　*43*

分野

　研究者の多い—　*30*

　研究者の少ない—　*30*

　流行の—　*30*

分野の大きさ　*27*

分野の研究者の数　*27*

平均への回帰　*118, 120*

報告書　*72*

法令遵守責任者　*108*

ポジティブな結果　*111*

ま行

孫引き　*60*

　　—の記載法　*56*

マタイ効果　*62, 90, 92, 135*

　　Nature の—　*66*

　　インパクト・ファクターの—　*63*

　　雑誌の著名度の—　*63*

マタイ効果の検証

　　医学系雑誌における—　*63*

　　重複論文をつかった—　*64*

や行

有意差あり　*111*

有意差なし　*111*

有意水準　*112*

ユージーン・ガーフィールド　*iii, 3*

ヨーロッパ科学編集者協会　*146*

ら行

利潤追求　*92*

リトラクション・ウォッチ　*81*

理論や解析中心の論文　*71*

レビュー誌　*24*

レビュー論文　*40*

ロバート・キング・マートン　*62*

論文

　　—の掲載までの流れ　*84*

　　—の投稿　*84*

論文撤回

　　—の検証理由　*100*

　　—の理由　*100, 101*

　　—の理由内訳　*100*

論文撤回率　*103*

　　国別の—　*103, 104*

　　高インパクト・ファクター誌の—　*105*

　　分野別の—　*103, 104*

論文の質　*52*

論文販売ビジネス　*138*

論文不正　*v*

論文闇市場　*138*

麻生一枝(あそうかずえ)

成蹊大学非常勤講師．お茶の水女子大学理学部数学科卒業，オレゴン州立大学動物学科卒業，プエルトリコ大学海洋学科修士，ハワイ大学動物学Ph.D.

専門は動物行動生態学．

オハイオ州立大学ポスト・ドク研究員，お茶の水女子大学人間文化研究所研究員，長浜バイオ大学准教授を経て，科学ジャーナリズム海外修行準備中．

著訳書に『科学でわかる男と女になるしくみ』(SBクリエイティブ)，『実データで学ぶ，使うための統計入門 ── データの取りかたと見かた』(共訳，日本評論社)，『生命科学の実験デザイン』(共訳，名古屋大学出版会)など．

科学者をまどわす魔法の数字，インパクト・ファクターの正体
── 誤用の悪影響と賢い使い方を考える

2021年1月20日　第1版第1刷発行

著　　者　麻生一枝
発 行 所　株式会社日本評論社
　　　　　〒170-8474　東京都豊島区南大塚3-12-4
　　　　　電話　03-3987-8621 (販売)　03-3987-8592 (編集)
印 刷 所　藤原印刷株式会社
製 本 所　井上製本所
装　　幀　銀山宏子

Printed in Japan,　ISBN 978-4-535-78929-6

研究不正と歪んだ科学

STAP細胞事件を超えて

榎木英介[編著]

科学における研究不正を、STAP問題から捉える第1部、バイオで不正が頻出する原因を探り、健全な科学研究への指針を第2部で示す。

◆本体 2,300 円+税
A5判

研究者・技術者のための
文書作成・プレゼンメソッド

池川隆司[著]

理工系のための論文・報告書・プレゼン資料などの文書作成技術を詳細に解説した一冊。

◆本体 2,200 円+税
A5判

理系ジェネラリストへの手引き

岡村定矩・三浦孝夫・玉井哲雄・伊藤隆一[編]

理系の学部生に求められるリテラシーを一冊に収録。あらゆる場面で役立つ必携書!

◆本体 2,200 円+税
A5判

日本評論社
https://www.nippyo.co.jp/